忘れてはならない
環境ホルモンの恐怖

三好恵真子 著

―子どもたちの未来を守るために―

大学教育出版

はじめに

　昨今、ダイオキシン、残留農薬、狂牛病、遺伝子組み換え食品、電磁波など、連日のようにマスメディアを通じて身の回りで起こっている環境汚染問題に関する報道がなされ、それらの関連書物も一般書店に山積するようになった。つまり情報化現代社会の渦中に生きる我々にとって、これまでにないほどに生活環境に氾濫する化学物質が強い関心事の1つになっていると言えよう。この騒動の大きさは事柄の深刻さを物語っているとも理解でき、これまで省みなかった物質優先主義の生活への警告と受け止めなければならない現象かもしれない。
　「環境ホルモン」もその例外ではなく、この問題を報じる情報の中には事態がすでに修復不可能なほどまでに悪化しており、今後人類の未来をも揺るがすほどに進展すると暗示するものさえも見受けられる。これらが示唆するように、人間が創製し環境中に放出してきた環境ホルモンによって、果たして我々の未来は本当に奪われてしまうのであろうか？しかしながら自然の複雑な現象に関わる環境諸問題の解決には、このような短絡的な結論を出す前にさらに多くの研究の蓄積が必要になると思われ、特に環境ホルモンなど比較的新しく出現した問題の場合には、現時点で科学的に不明瞭な点も多いため、因果関係究明に向けた関連専門研究の進展を待たねばならない。
　しかしマスメディアを賑わしている論調の中には、この結論を待たずした科学的根拠の薄い推論も少なくなく、ただ闇雲に危険性だけを煽るものが多い現状には、その影響力の強さゆえに危惧されるところである。さらにこれらを受け取る側にも、正しい判断を下すだけの科学的な基礎知識が充分に備わっているとは言い難く、このことも種々の弊害を生み出す要因に繋がっていると感じてならない。すなわち、一般に世間で環境問題を扱う情報というものは、感情

的な角度からのものがほとんどであり、自然のものが良いという信仰的なものや、ショックを与えることを意図した恐怖のイメージからは明晰な判断を下す余地は生まれないと思われる。

　しかし、特に人の健康被害にまつわる情報が世間に氾濫すればするほど、一般の人々はそのリスクの未知と悪影響を、理解できている他のリスクよりも遙かに高いレベルで認知しがちである。一方、最初は強い関心を寄せていた問題であっても、その悪影響が目に見えた形で体得しがたい場合には、いつしか実情を理解しないままに一過性のブームとして収束してしまう傾向も見受けられる。特に環境ホルモン問題の場合は、そのどちらのケースも当てはまると言えよう。

　そこで我々に今一番求められることは、現実を直視して正しい理解を持つこと、すなわちこれら諸問題に対する不確実性が残る中で、事の重大さを謙虚に受け止め、さらに長期的な視野を持ちながら冷静に対応してゆく術を学ぶことである。つまり情報を正しく理解して行動を起こすことが、このような思い込みによる杞憂から逃れられる最適な方法であると考えたい。

　本書は、環境ホルモンに対する人々の意識の低下が、問題を未解決のまま風化させることのないように、現象の背後に潜む事柄の本質を正しく見抜く姿勢を持続させることの必要性を言及するものである。つまり科学的根拠に裏打ちされた真の情報を提示することにより、読者の環境ホルモン問題に対する正しい理解を促し、さらに個々人が直面する諸問題に対し、責任を持って冷静な判断を下すための手助けとなることを目的としている。

　本来、本書は大学において環境分野を学ぶ学生のための教科書・副読本として企画されたものであるが、できるだけ多くの人々にも関心を寄せてもらうために、専門用語には随時分かりやすい解説を施し、専門的な知識が少なくても理解を容易にさせる読みやすいものに仕上げるよう心がけた。なぜなら次世代の未来を守るために、我々の生み出したこの環境ホルモン問題をできるだけ早急に解決してゆくことが必要になり、そのためにはより多くの人々の理解と協調が何よりも大切になるからである。さらに環境ホルモン問題に対する正しい

理解は、個々人のライフスタイルの変革並びに社会における環境保全型システム構築にも繋がると強く確信しているからである。

　本書を読破することにより環境ホルモンの全貌を正しく理解し、さらに読者の積極的な発想の転換と前向きな行動を起こすきっかけに繋がれば幸いである。

　2003年8月　　　　　　　　　　　　　　　　　　　　三好　恵真子

忘れてはならない環境ホルモンの恐怖
—— 子どもたちの未来を守るために ——

目　次

はじめに …………………………………………………………………………1

第Ⅰ章　環境ホルモンとは何か ……………………………………11
　　Ⅰ-1　環境ホルモンの定義 ………………………………………12
　　Ⅰ-2　ホルモンと受容体 …………………………………………16
　　Ⅰ-3　環境ホルモンの生化学的特徴 ……………………………21
　　Ⅰ-4　環境ホルモンとして疑われている化学物質リスト ……26

第Ⅱ章　環境ホルモンの生殖器官への影響 ……………………31
　　Ⅱ-1　性の分化の原理 ……………………………………………31
　　Ⅱ-2　ホルモンによる不可逆的反応 ……………………………36
　　　(1) 連続発情ラット　36
　　　(2) マウスにおける膣上皮の不可逆的増殖　38
　　　(3) ヒトでも起こったDESシンドローム　40
　　　(4) 性ホルモンによる精巣機能低下　41
　　　(5) 母親のストレスによるラットの性分化の異常　43
　　　(6) 野生生物で起こっている生殖異変　43
　　Ⅱ-3　ヒトにおける生殖異常と環境ホルモンとの関連性 ……48
　　　(1) 精子の数の減少　48
　　　(2) 子宮内膜症の増加　50
　　　(3) 思春期早発症　50
　　　(4) 低用量問題の危険性　52

第Ⅲ章　環境ホルモンと脳や行動異常 …………………………54
　　Ⅲ-1　男女の脳の違い ……………………………………………54
　　Ⅲ-2　男性ホルモンが周生期の脳に与える影響 ………………56
　　Ⅲ-3　性的志向を変える性ホルモン ……………………………60

Ⅲ－4　同性愛者の生物学的背景 …………………………………62
　　　Ⅲ－5　環境ホルモンが脳に与える影響 …………………………65

第Ⅳ章　環境ホルモンの体内残留と毒性発現 …………………69
　　　Ⅳ－1　海棲哺乳動物における環境ホルモンの異様な高濃度汚染
　　　　　　　……………………………………………………………70
　　　Ⅳ－2　環境ホルモンの体内代謝とホルモン様作用の変動 ……73
　　　Ⅳ－3　食品因子によるダイオキシン類の毒性の抑制 …………78

第Ⅴ章　環境ホルモンの種類とその特徴 ………………………80
　　　Ⅴ－1　ごく微量でも毒性が明らかな環境ホルモン ……………81
　　　　　(1)　ダイオキシン類　*81*
　　　　　(2)　ポリ塩化ビフェニール（PCB）　*85*
　　　　　(3)　有機塩素系農薬　*89*
　　　　　(4)　天然および合成エストロゲン　*93*
　　　　　(5)　有機スズ　*97*
　　　Ⅴ－2　身近に存在する疑わしい環境ホルモン …………………98
　　　　　(1)　p－ノニルフェノール　*98*
　　　　　(2)　ビスフェノールA　*99*
　　　　　(3)　可塑剤　*101*
　　　　　(4)　酸化防止剤　*102*
　　　　　(5)　スチレン　*103*

第Ⅵ章　環境ホルモンの発生源と汚染の拡大 …………………105
　　　Ⅵ－1　ダイオキシン類発生のメカニズム ………………………106
　　　Ⅵ－2　母乳のダイオキシン汚染 …………………………………111
　　　Ⅵ－3　途上国の環境ホルモン問題 ………………………………115

Ⅵ－4　残留性有機汚染物質（POPs）条約 ………………………120

第Ⅶ章　環境ホルモン防止策 ……………………………………124
　　Ⅶ－1　個々人が実践できる環境ホルモン汚染から身を守る方法
　　　　　　　　　　　　　　　　　　　　　　………………………125
　　Ⅶ－2　代替材料の開発 ……………………………………………130
　　　　（1）塩ビの代替　　130
　　　　（2）可塑剤の代替　　131
　　　　（3）缶詰の内側のコーティング剤の開発　　132
　　　　（4）有機スズの代替　　132
　　Ⅶ－3　生分解性高分子の有効利用 ………………………………132
　　　　（1）澱粉由来の生分解性プラスチック　　134
　　　　（2）カニの殻から生まれた人体に優しい素材　　137
　　　　（3）納豆の糸を使った砂漠の緑化　　140
　　　　（4）微生物が作り出すポリエステル　　142
　　　　（5）生分解性プラスチックの市場動向と今後の展開　　144
　　Ⅶ－4　焼却施設の改良 ……………………………………………146
　　　　（1）ガス化溶融炉　　147
　　　　（2）ダイオキシン類完全分解触媒フィルター　　147
　　　　（3）焼却灰からエコセメント　　149

第Ⅷ章　ダイオキシン類無毒化への最新エコプロジェクト ……150
　　Ⅷ－1　超臨界水によるダイオキシン類の分解 …………………150
　　Ⅷ－2　白色腐朽菌によるダイオキシン類の無毒化 ……………155
　　Ⅷ－3　バイオレメディエーション ………………………………156

第Ⅸ章　子どもたちの未来を守るために ………………………159

おわりに ……………………………………………………… *167*
参考文献一覧 ………………………………………………… *170*

第Ⅰ章
環境ホルモンとは何か

　環境ホルモンの正式名称は、「内分泌攪乱化学物質（Endocrine Disrupting Chemicals）」であり（ただし、ホルモン様作用物質（HAA：Hormonally Active Agents）と呼ぶこともある）、単一の化学物質を指し示すものではない。つまり、環境中に放出された化学物質のうち、ごく微量で生殖に関するホルモン作用を阻害したり、ホルモンと類似作用を示したりするものであり、ヒトや野生生物の健康に悪影響を及ぼすことが疑われている一連の物質群を指している。

　「内分泌攪乱化学物質」、いわゆる「環境ホルモン」の名は、1996年に米国の女性生物学研究者であるシーア・コルボーンらによって書かれた『Our Stolen Future（奪われし未来）』の発刊により、一躍世界的に注目されるようになった。この本では、動物実験や生態調査による各種の情報を収集して、環境ホルモンが人間や野生生物に及ぼす影響を指摘したものであり、日本語を含めて14カ国語に翻訳されているという。

　このような環境ホルモンの及ぼすヒトや野生生物の生殖機能や脳への影響およびその発生源や汚染の実態等を学ぶ前に、まず環境ホルモンとはどのようなものであり、その問題はいかなる背景から派生してきたのかを知る必要がある。

　そこで本章では、最初に環境ホルモンが注目されるようになった背景およびそこから導き出される定義等について説明する。次に環境ホルモンの基礎理解を深めるために、まず生体における基本的な内分泌機構ならびに各種ホルモンと受容体の関係について解説し、続いて環境ホルモンに共通する生化学的特徴

をまとめてみることにする。最後に、環境ホルモンとして疑われている化学物質のリストを示しながら、この問題に関する最近の国際的な取り組みの動向を簡単に紹介しようと思う。

I-1　環境ホルモンの定義

内分泌攪乱化学物質の定義については、そのメカニズムが必ずしも明らかにされていないために、現状では国際的に統一されたものがなく、科学的な議論が続けられている状況にある。

1996年にウェイブリッジで開催されたヨーロッパ・ワークショップにおける定義は、「内分泌攪乱化学物質は、無処理の動物の内分泌系に対して、その個体あるいはその子孫に健康障害性の影響を及ぼす外因性化学物質である。」とされた。また1997年に出された米国の環境保護庁（EPA）の特別報告では、「内分泌攪乱化学物質は、生物の恒常性、生殖・発生、もしくは行動を司っている生体内の天然ホルモンの合成、分泌、輸送、結合、作用あるいは除去に干渉する外来性物質である」という別の定義を打ち出している。米国の内分泌攪乱化学物質スクリーニング・試験試問委員会（EDSTAC）の1998年の報告書では、定義としてではなく、内分泌攪乱化学物質を「生物の内分泌系の構造又は機能を改変し、生物とその子孫、個体群または部分個体群レベルで有害な影響を引き起こす外因性の化学物質又は混合物である。この影響は、化学の原則、データー、証拠重み付け、および予防原則に基づいて判断される」と記載している。

我が国の場合は、1998年に環境庁が公表した『環境ホルモン戦略計画SPEED'98』の中で、内分泌攪乱化学物質について「動物の生体内に取り込まれた場合に、本来、その生体内で営まれている正常なホルモン作用に影響を与える外因性の物質」とし、当面はこの定義を引き続き用いることにしている。

しかし、いずれの場合も、環境ホルモンは野生生物やヒトの内分泌系（生殖、

発達、成長、行動などに中心的な役割を果たしているホルモンの活動の場）を乱し、その子孫にまで悪影響を及ぼす可能性のある外界からの化学物質であるということを意味している。

　この環境ホルモン問題は、いわば古くて新しい環境問題であり、そのルーツは1962年に出版された海洋生態学者レイチェル・カーソン著の『Silent Spring（沈黙の春）』にある。この本は、化学物質による大規模な汚染が野生生物の繁殖力の低下と関連していると指摘し、化学合成されたDDT等の殺虫剤が十分な安全性試験が行われないまま、大量に使用されている現状と、その大量使用による汚染が、人間を含めた生物に長期的な好ましくない影響を及ぼす可能性があることを、多くの科学論文を引用して警告したものである。

　科学と文学が合流したこの傑作は、世界中に反響を呼び起こして長期的なベストセラーとなり、農薬会社など業界からの強い批判が寄せられたものの、彼女の主張を的確に理解した読者により終始支持されている。また当時の米国の大統領であったジョン・F・ケネディーの心を動かして、環境保護庁を設立させ、残留性の高い農薬や急性毒性の強いリン剤などの製造・販売・使用を中止へと追い込む原動力となったことは、誰しもが認める1つの成果である。

　一方、有識者の間では、すでに1950年代頃から農薬のDDTには女性ホルモン様作用を示すことが知られており、1970年代には、環境中に出ている女性ホルモン作用を持つ物質のことを"Environmental Estrogens（環境中のエストロゲン様物質）"と呼び、それに関する動物実験が開始されていた。そして米国国立環境健康科学研究所（NIEHS）のジョン・マクラクランは、1979年、1985年、1994年に、このEnvironmental Estrogensに関する国際会議を開催している。

　これに並行して世界各地から、野生生物に関する生殖異常等が報告されるようになると、世界自然保護基金（WWF）のシーア・コルボーンは、各種情報を統合し、1991年に米国ウィスコンシン州のウイングプレッドセンターにおいて、野生生物の生殖やガンの問題に取り組んでいる様々な分野の研究者や行政官を招集する会議を開催した。この会議では、環境中に放出された化学物質の

中には、生体に侵入し、内分泌を攪乱する作用を持つものがあり、すでに多くの野生生物がこれらの影響により生殖異変を起こしており、ヒトにおいても影響を及ぼす可能性があることなどが浮き彫りにされ、"Endocrine Disruptor（内分泌攪乱物質）"という用語が作られたという。

しかしこの当時、このような内分泌系を攪乱する化学物質が存在することは、専門家の間では知られていたものの、環境ホルモンがこれほどまでに広く知れ渡り、全世界的にセンセーションを引き起こすきっかけになったのは、1996年にシーア・コルボーンがピート・マイヤーズとダイアン・ダマノスキとともに執筆した『Our stolen future（奪われし未来）』が出版されたことによる。コルボーンは生物学を専門とする女性研究者あるため、レイチェル・カーソンになぞられ、第2のカーソンとも呼ばれている。

コルボーンは、類推を広げてゆく見事な洞察力に加え、類いまれな忍耐力の持ち主であり、野生生物の生態異常原因を突き止めるために2,000編以上の原著論文を読破するとともに、多くの研究者と討議した結果、それらの異常原因は、環境中に放出された外来物質による内分泌攪乱であるという結論に達した。つまり、我々が作り出し身近な生活環境に存在する種々の微量な化学物質が生態系を狂わし、野生生物やヒトにも様々な異常現象を引き起こす原因となっていると述べている。さらに人類を脅かしている危険は死や疾病だけでなく、ホルモン作用や発達過程を攪乱する化学物質が、人類の未来をも変えてしまう可能性を持っていると警告しているのである。

この『奪われし未来』は書物として傑作であるものの、いわゆる専門書ではないために、基本的に細かな説明が省略されて単純化されており、科学的な事象のつなぎ合わせに過ぎず、事実と推論が混在しているという専門家の批判もある。しかしこの本が社会に与えた影響は大きく、その出版以降、ヒトや野生生物に対する内分泌攪乱化学物質の危険性が、科学分野のみならず、行政、政治、経済の分野においても大きく取り上げられることとなり、その恐怖が世間一般にも広く認知されるようになった功績は高く評価できると思う。

ちなみにコルボーンは、地球環境問題の解決に貢献した科学者に贈られる世界的規模の賞である旭硝子財団の「ブループラネット賞」を2000年の10月に受賞している。

　これと並んで、環境ホルモン問題に警告を鳴らし続けてきたのが英国BBCの科学番組のプロデューサーをしていた敏腕の女性サイエンス・ジャーナリストのデボラ・キャドバリーである。科学は社会に対してどのように用いられるべきかを追求してきたキャドバリーは、欧米の数多くの科学者に接し、その助言を受けながら書き下ろした『メス化する自然（The Feminization of Nature）』が1997年に出版された。

　この本では、野生生物やヒトに異変をもたらしている元凶物資の究明研究の現状が、研究者のエピソードを交えながら、ドキュメンタリータッチで描かれている。まるでパンドラの箱を開けたように、次々に疑わしい化学物質が解明されてゆく過程が臨場感溢れる書きぶりで描かれており、最上質の推理小説と言っても過言でないほど読み手の心を引きつけるものがある。しかもその導かれる結論が恐怖のどん底にあり、後戻りできない絶望的な事実が展開してゆくのである。

　さらにこの本では、環境ホルモン問題の研究報告に対する欧米政府や関連産業界の対応も詳しく取り上げている。これによれば、英国やドイツなどのヨーロッパ政府は、すでに欧州委員会（EU）に属する毒性・生体毒性・環境に関する科学委員会（CSTEE）を通じて、全ヨーロッパ規模の研究を開始している。米国でも環境保護庁（EPA）が、環境ホルモン問題を最優先調査事項の１つに位置づけ、1995年に14関係省庁・研究機関で構成される内分泌攪乱化学物質関係庁ワーキンググループを設置し、施策の調整・情報交換等を図りつつ、この問題に取り組んでいるとしている。また米国科学アカデミー（NAS）も、ホルモン作用のデーターを評価するための専門委員会を招集している。

　一方、工業会の反応も前向きに書かれており、例えば欧州化学工業委員会が各企業は当委員会を通じてヨーロッパやアメリカの科学界や取り締まり当局と

連帯しているとの表明を紹介している。米国でも、化学製造者協会をはじめとする業界団体が、DDTと乳ガンの関連などの多数の研究調査に助成金を提供しているようである。

　これら環境汚染化学物質に警鐘を鳴らしたカーソンの『沈黙の春』、コルボーンの『奪われし未来』、キャドバリーの『メス化する自然』の3書は、いずれも真に幸福な生活や本当に大切なものを見抜こうとする女性たちの確かな眼と鋭敏な感覚が生かされている歴史上に残る傑作である。また彼女らは、専門科学者たちが見落としがちな「生きる」という全く基本的は視座から、科学の在り方や環境というすべての生物が立つ生存の基盤を問うたところにその価値が収斂されると思う。

Ⅰ-2　ホルモンと受容体

　日本では、1997年5月にNHK番組の「サイエンスアイ」において、環境中に存在する化学物質の中には、ヒトや動物の体内に入り込んでホルモン類似作用あるいはホルモン拮抗作用を示すようなものがあると放映された。そしてこのような外から侵入する内分泌を攪乱する物質を称して「環境ホルモン」と名付けられたため、これを契機に世間一般において環境ホルモンの呼び名が知れ渡ることになった。

　このような内分泌を攪乱する環境ホルモンについての理解を深めるためには、まず内分泌機構の基礎について習知しておく必要がある。ここで扱う「ホルモン」とは、「主に内分泌官や内分泌腺等の生体内のホルモン分泌器官で作られ、多くは血液によって運ばれ、そのホルモンの作用する組織あるいは標的細胞に到達して、極微量で何らかの作用を及ぼす情報伝達物質」と定義づけている。つまりホルモンは標的となる身体部位や臓器の代謝や機能を円滑に進める役割を果たし、さらに脳下垂体が血中ホルモンを感知して分泌濃度を制御調節する

フィールドバック機構が備わることにより、身体の恒常性が維持される仕組みになっている。

　一方、分泌されたホルモンは血中に入り、体内の至る所に運ばれてすべての細胞に到達するにもかかわらず、ホルモンに反応する細胞（標的細胞）と反応しない細胞がある理由は、標的細胞にはホルモンごとに、そのホルモンと結合する特定の受容体（レセプター）が高濃度に存在しているからである。つまり、ホルモン作用の発現は、それぞれに特異的な受容体との結合がきっかけとなるのである。

　ホルモンは分子量の大きさから１）低分子量（分子量1,000以下）のホルモンと２）高分子量のホルモンの２つに大別されており、以下簡単に説明を加えてみることにする。

１）低分子量ホルモン

　低分子量ホルモンには、①ステロイドホルモン、②アミノ酸誘導体ホルモン、③脂肪酸誘導体ホルモンなどがある。

　①　ステロイドホルモン

　ステロイドホルモンとは、ステロイド骨格と呼ばれる独特の構造（図Ⅰ-2-1）を持っているホルモンであり、脊椎動物では「性ホルモン」と「副腎皮質ホルモン」がある。性ホルモンには、卵巣や精巣で生成され、生殖に必須なエストロゲンや黄体ホルモン、アンドロゲンが代表的なものである（図Ⅰ-2-1）。

　副腎皮質ホルモンは、副腎皮質から分泌され、糖質コルチコイドや鉱質コルチコイドがある。ステロイドホルモンはコレステロールを基質にして生合成され、酵素群の働きにより何段階かのステップを経て、最終的なホルモンになる。血中にコレステロールが多量に存在するにもかかわらず、ホルモン量が一定かつ微量であるのは、合成酵素の活性が生鮮速度を決めているからであると言われる。

Ⅰ　ステロイドホルモン

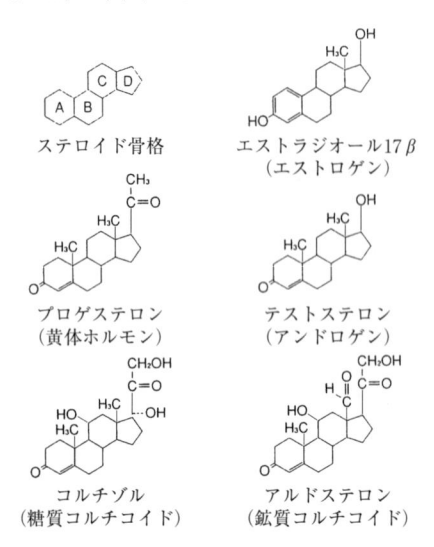

ステロイド骨格

エストラジオール17β
（エストロゲン）

プロゲステロン
（黄体ホルモン）

テストステロン
（アンドロゲン）

コルチゾル
（糖質コルチコイド）

アルドステロン
（鉱質コルチコイド）

Ⅱ　アミノ酸誘導体ホルモン

アドレナリン

チロキシン

Ⅲ　脂肪酸誘導体ホルモン

プロスタグランジン$F_{2\alpha}$
（脂肪酸誘導体）

図Ⅰ-2-1　ホルモンの化学的分類
出所：日本比較内分泌学会編『生命をあやつるホルモン』講談社（2003）

　性ホルモンに関して特に重要な点は、男性ホルモンのアンドロステジオンから最強の男性ホルモンであるテストステロンが合成され、女性ホルモンの場合もアンドロステジオンからまずエストロゲンが合成され、さらに最強の

エストラジオールが最終的に合成されることである。すなわち、女性ホルモンも男性ホルモンから合成される点は、環境ホルモンの生殖器官等への影響を考える上で重要な仕組みである。

② アミノ酸誘導体ホルモン

アミノ酸誘導体ホルモンとしては「アドレナリン」や「甲状腺ホルモン」が知られている。アドレナリンは低分子であるが、細胞膜を通過できず、膜表面の受容体に結合する（受容体結合の詳細は後述）。甲状腺ホルモンは甲状腺から分泌され、チロキシンやトリヨードチロニンなどがある（図Ⅰ-2-1）。このホルモンの役割は、個体の成長分化を促進し、基礎代謝を維持することにある。またヨウ素を含んでいることが特徴で、その結合状態により作用が異なることが知られている。

甲状腺ホルモンの化学構造はダイオキシン類のポリ塩化ジベンゾフラン（PCDD）やコプラナーPCBと類似しており、これらの化学物質が甲状腺ホルモンの受容体に結合して内分泌を攪乱する可能性が懸念されている。

③ 脂肪酸誘導体ホルモン

脂肪酸誘導体ホルモンとしては、種々の組織でサイクリックAMPの合成を促すプロスタグランジンE1、E2や、卵巣中の黄体を破壊し、子宮収縮を促すプロスタグランジンF1α、F2α、血小板凝集を抑えるプロスタサイクリンなどがある。プロスタグランジンは化学構造の少しの違いにより多様な活性を示すことが特徴であり、例えば子宮の筋肉の収縮活性、血小板凝集活性、血管拡張活性、胃液の分泌抑制、気管支拡張作用などが知られている。

プラスチックの可塑剤の1つであるフタル酸エステル類の化学構造は、アラキドン酸系ホルモンに類似していることから、フタル酸エステル類は環境ホルモンとして疑われている。

2）高分子量ホルモン

高分子量ホルモンには、タンパク質ホルモンとペプチドホルモンがある。ペ

プチドホルモンは、まず大きなタンパク質分子（前駆体）として合成される。そして、塩基性のアミノ酸の連続した部分が、タンパク質の酵素によって切断されて、生理活性を持つペプチドホルモンが生成される。タンパク質・ペプチド系のホルモンと環境ホルモンとの関連性は今のところほとんどないと考えられている。

　低分子ホルモンの場合、脂溶性のものは細胞膜を通り抜けることができるが、高分子ホルモンは水溶性であり、細胞膜を通過することは難しい。このような脂溶性、水溶性の違いに依存して、低分子ホルモンと高分子ホルモンでは受容体への結合様式が大きく異なっている（図Ⅰ-2-2）。
　しかし、この差異が環境ホルモンの影響を考える上で非常に重要になってくる。脂溶性低分子ホルモンの多くは細胞膜を通過し、細胞質内の受容体と結合して、その複合体が核内に入ることにより、DNAの特定の配列に結合して転写を調整している。一方、水溶性である高分子ホルモンの受容体は標的細胞の膜上に配置されていて、ホルモンが受容体と結合すると、複雑な経路をたどりながら、細胞内に情報が伝えられ、最終的に転写調節因子を活性化させて、転写

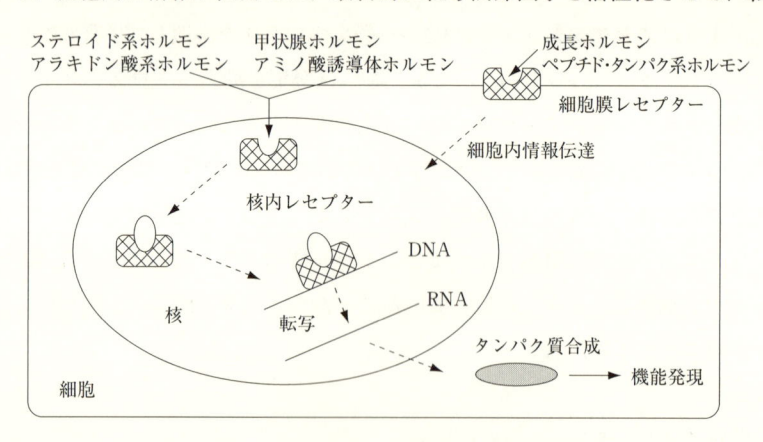

図Ⅰ-2-2　ホルモンの構造と作用メカニズム
出所：松井三郎ら『環境ホルモン最前線』有斐閣選書（2002）

を調整している。図Ⅰ-2-2から分かるように、脂溶性の低分子ホルモンの情報伝達様式は、高分子ホルモンに比較して極めて単純であり、言い換えれば、レセプターにホルモン様物質が結合すれば、簡単に情報伝達が進んでしまうことを意味している。

　ステロイドホルモンや甲状腺ホルモンの受容体は数種の機能単位からなり、中でもCドメインとEドメインという部分が重要であると言われる。CドメインはDNAに結合する領域であり、Dドメインはホルモンに結合する領域であって、その他のドメインは遺伝子の転写開始の活性化に関与していると言われている。CドメインにはZn-フィンガーと呼ばれる指の形を持つ特別な構造を持ち、この突き出たアミノ酸部分が特定のDNA配列を認識して結合するのである。ホルモンが結合した受容体が、さらにDNAに結合すると、種々の転写因子が結合領域に集まり、RNAの合成（転写）が開始される。さらにメッセンジャーRNA（mRNA）が合成され、RNAに読み取られた遺伝子の暗号情報に基づいて、特定のタンパク質が作られる。

　「精巣性女性化症候群」と呼ばれる突然変異疾患があり、この患者のアンドロゲン受容体にはCドメインの塩基配列に変異が認められ、受容体にはホルモン結合領域がないので、アンドロゲンと結びつくことができない。よって本来の作用である遺伝子転写を開始することができないために、アンドロゲンが正常に分泌されているにもかかわらず、ホルモン効果が発揮できずにアンドロゲン不応症が発症してしまう（詳細はⅡ-1を参照）。

Ⅰ-3　環境ホルモンの生化学的特徴

　様々な生物学的作用を引き起こす可能性を持ち環境ホルモンとして疑われている物質には、化学構造の類似性があることがその判断の１つの根拠になっており、また生物作用に対しても幾つかの共通した特徴が認められる。そこで、

環境ホルモンの生化学的特徴を以下の6点に簡潔にまとめてみることにする。

1）化学構造にベンゼン環を持ち、低分子量で構造も比較的単純である。

　　図Ⅰ-3-1に代表的な環境ホルモン様物質の化学構造を示したが、トリブチルスズを除き、すべてベンゼン環を有しているのが特徴である。ベンゼン環は決して特殊なものではなく、我々の身の回りに存在する医薬品、合成繊維、木材のような天然物などの重要な基本構造になっている。ただし、タンパク質、多糖類、核酸（DNA、RNA）などの複雑な構造を持つ高分子とは

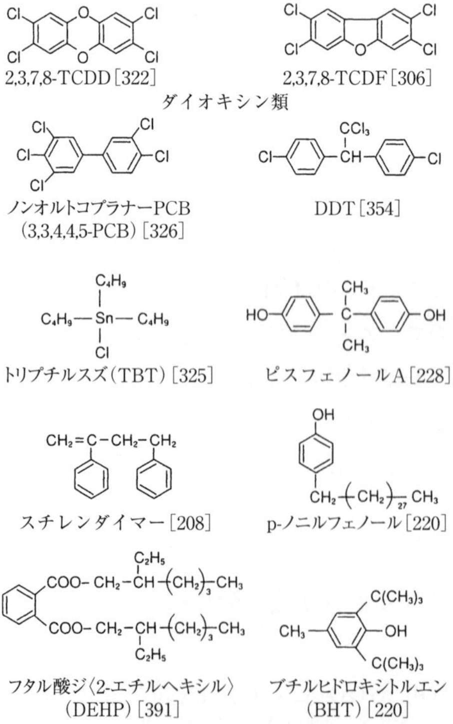

図Ⅰ-3-1　代表的な環境ホルモンの化学構造（[ ]内は分子量）
出所：筏義人『環境ホルモン——きちんと理解したい人のために——』講談社（1998）

異なり、環境ホルモン様物質の場合は分子量が極めて小さく、構造も極単純であるといえる。
2) 脂溶性であり、化学構造が性ホルモン等に酷似している。

　タンパク質、多糖類、核酸などは水に溶けやすく、その構成単位であるアミノ酸やグルコースなどの糖も水によく溶ける。しかし環境ホルモン様物質は、極めて水に溶けにくく、油のような疎水性の溶媒に溶けやすい性質を持っている。またⅠ-2で紹介したように、同じ脂溶性である低分子量のホルモンと化学構造が酷似しているため、環境ホルモンは細胞膜を容易に通り抜けて、生体内のホルモン受容体のリガンドとなる可能性が指摘されている。

　受容体とそれに結合するリガンドの関係は、「鍵と鍵穴の関係」にたとえられることが多い。環境ホルモンと疑われている物質は、この関係を直接的あるいは間接的に乱すことにより、生体の正常な機能を攪乱するのである（図Ⅰ-3-2）。このような環境ホルモン様物質は、特にステロイドホルモンである性ホルモンを攪乱している可能性が高く、性ホルモンの攪乱様式から以下の3つに分類されている。

① 女性ホルモン酷似作用が疑われる物質：これらの化学物質は、鍵穴に適

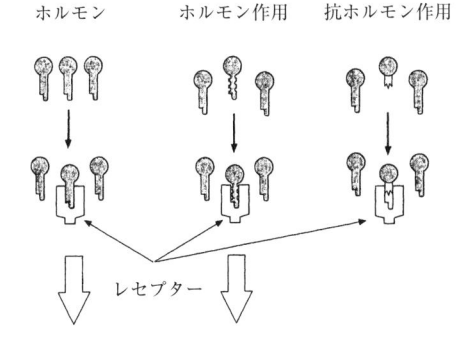

図Ⅰ-3-2　ホルモン作用と抗ホルモン作用
出所：筏義人『環境ホルモン――きちんと理解したい人のために――』講談社（1998）

合してドアを開くような鍵の形が複数存在する状態と考えることができる。その例としては、界面活性剤として使われるノニルフェノールや食器や缶詰のコーティング剤に使われるビスフェノールA、合成殺虫剤のDDT、電化製品に汎用されたPCB、プラスチックの可塑剤に用いられるフタル酸エステルなどが挙げられ、これらはエストロゲン受容体に結合することで、エストロゲン類似作用を示すことが知られている。

② 男性ホルモン阻害作用が疑われている物質：これらの化学物質は、鍵穴に間違った鍵が入ることで正しい鍵が使えなくなる状態だと考えられ、その例としては、DDTの代謝産物であるDDEやビンクロゾリンなどが挙げられる。これらはアンドロゲン受容体に結合することでアンドロゲン作用を阻害することが知られている。

③ 女性ホルモン阻害作用が疑われている物質：この例としては、ダイオキシン類や船底塗装に用いられていた有機スズであり、エストロゲン受容体に結合することで、エストロゲン作用を阻害すると言われる。

これらの環境ホルモン様物質についての詳細は、第Ⅴ章にてそれぞれ述べることにする。

3) 極めて微量でも影響を及ぼす。

環境ホルモンの大きな特徴は、極微量で生物学的作用を及ぼすことである。1 ppt（1g中に10^{-12}g）という超微量の環境ホルモンがヒトや野生生物の体に劇的な変化をもたらすとなると、知らぬ間に汚染が進行しており、気がついた時にはもはや取り返しのつかない事態に進展している恐れも考えられる。

なお、1 pptという微量な環境ホルモンが検出可能になったのは、最近の高性能装置の導入ならびに分析技術の向上に伴う1990年代以降になるため、それ以前までは極く微量に存在する環境ホルモンの存在を把握できなかったと言えよう。

4) 生分解が極めて低く、環境残留性の高い物質が含まれている。

ノニルフェノールなどのように、比較的短期間で分解するものもあるが、

DDT等の残留性農薬類やPCBなどは極めて難分解性である。よってこれらの使用をあわてて中止したとしても、それまでに環境中に拡散してしまったものは、長期間に渡り環境中に残留し、中には半永久的に残るものもある。最近では、途上国における環境ホルモン様物質の汚染が地球規模に拡大していると報告されている（詳しくはⅥ-3を参照）。

5）生物濃縮され、中には体内の脂肪組織に蓄積されて長期に渡り残留する。
　環境ホルモン様物質は、水中で微生物に取り込まれ、それを食す魚などの体内で濃縮されるために、食物連鎖の頂点に近づくに連れてその濃度は飛躍的に高まってゆくことになる。しかしヒトをはじめとする陸上で生活する高等動物よりも、海棲哺乳動物の方が体内汚染濃度は高い場合が多いことが報告されている。その理由の1つとして、陸上の高等動物では肝臓での解毒作用に関与するチトクロームp-450酵素群が発達しているが、海棲動物の場合は、この解毒酵素群が遺伝的に欠落しているからであると言われる（詳細はⅣ-1を参照）。
　ただし、すべての化学物質が無害化されるのではなく、チトクロームp-450酵素群による代謝変換により、むしろ生物活性が強化されたり、発ガンを引き起こす物質に変化する場合があることも記憶しておかねばならない（体内代謝の詳細はⅣ-2において解説）。

6）生体内の代謝変換の過程を経て、ホルモン様作用を増強する化学物質もある。
　体内に侵入した環境ホルモン様物質は、生体異物であるため、異物代謝酵素により代謝され、化学構造に変化がもたらされる結果、本来のホルモン作用には何らかの変化が起こっていると考えられる（図Ⅰ-3-3）。多くの場合は、代謝変換により、もとのホルモン作用が減衰する方向（代謝的不活性化）に向かうのだが、ごく一部の化学物質の場合、ホルモン作用を増強したり、あるいは新たに異なるホルモン作用を示すようになったりすることがある（代謝的活性化）。従って環境ホルモン様物質の体内での動態、特に代謝変換による生物活性の変動を考慮することが極めて重要になってくる。環境ホ

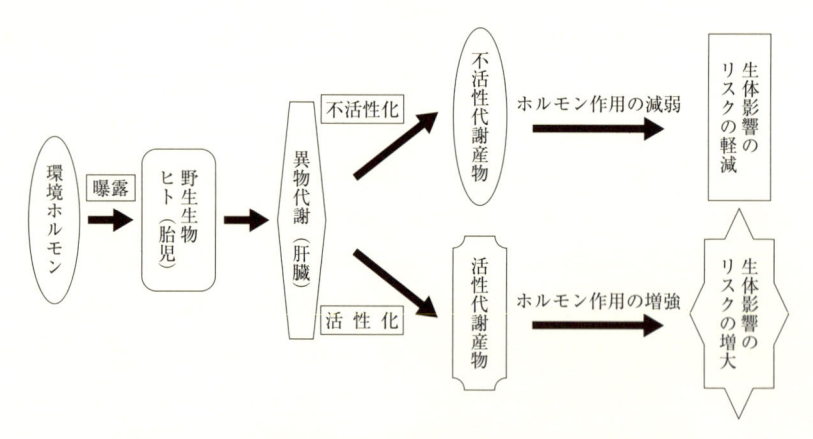

図Ⅰ-3-3　環境ホルモンの代謝変換とホルモン作用の変動
出所：松井三郎ら『環境ホルモン最前線』有斐閣選書（2002）

ルモン様物質の代謝活性化についての概要はⅣ-2にて、個々の物質に関しては、第Ⅴ章全般にてそれぞれ具体的に解説することにする。

なお、1998年に環境庁がまとめた内分泌攪乱物質として疑われている67種類の化学物質（2000年の改訂版では65物質）は、当初試験管レベルでのホルモン様作用の評価結果に基づいてリストアップされたものであった。しかし、ホルモン様作用の体内動態を知る必要性から、各種生物を用いた調査が継続的に遂行されており、また動物種によるホルモン系の違いを考慮した検討も加えられている（詳しくは次のⅠ-4を参照）。

Ⅰ-4　環境ホルモンとして疑われている化学物質リスト

世界自然保護基金（WWF）が作成したリストには、内分泌攪乱化学物質として67種類が記載されており、このリストに基づき、世界各国が様々な対応を検討するようになった。我が国の環境庁は、1998年5月に『環境ホルモン戦略計画SPEED'98』を発表し、外因性内分泌攪乱物質として疑われる化学物質と

表Ⅰ－4－1　内分泌攪乱作用を有すると疑われる化学物質一覧

物質名	検出	用途	物質名	検出	用途
1. ダイオキシン類		(非意図的生成物)	ル（C5～C9）、ノニルフェノール、4－オクチルフェノール		油溶性フェノールの樹脂原料
2. ポリ塩化ビフェニール類（PCB）	●	熱媒体、ノンカーボン紙、電気製品			
3. ポリ臭化ビフェニール類（PBB）	―	難燃剤	37. ビスフェノールA	●	樹脂の原料
4. ヘキサクロロベンゼン類（HCB）	◎	殺菌剤、有機合成原料	38. フタル酸－ジ－2－エチルヘキシル	◎	プラスチックの可塑剤
5. ペンタクロロフェノール類（PCP）	◎	防腐剤、除草剤、殺菌剤	39. フタル酸ブチルベンジル	◎	プラスチックの可塑剤
6. 2,4,5－トリクロロフェノキシ酢酸	―	除草剤	40. フタル酸－n－ブチル	◎	プラスチックの可塑剤
7. 2,4－ジクロロフェノキシ酢酸	●	除草剤	41. フタル酸ジシクロヘキシル	◎	プラスチックの可塑剤
8. アミトロール	◎	除草剤、分散染料、樹脂の硬化剤	42. フタル酸ジエチル	◎	プラスチックの可塑剤
9. アトラジン	◎	除草剤	43. ベンゾ(a)ピレン	◎	(非意図的生成物)
10. アラクロール	◎	除草剤	44. 2,4－ジクロロフェノール	◎	染料中間体
11. CAT	◎	除草剤			
12. ヘキサクロロシクロヘキサン、エチルパラチオン	◎	殺虫剤	45. アジピン酸ジ－エチルヘキシル	◎	プラスチックの可塑剤
13. NAC	◎	殺虫剤	46. ベンゾフェノン	●	医療品合成原料、保香剤等
14. クロルデン	◎	殺虫剤	47. 4－ニトロトルエン	●	2,4ジニトロトルエン等の中間体
15. オキシクロルデン	◎	クロルデンの代替物			
16. trans－ノナクロル	◎	殺虫剤	48. オクタクロロスチレン		(有機塩素系化合物の副生成物)
17. 1,2－ジブロモ－3－クロロプロパン		殺虫剤	49. アルディカーブ		殺虫剤
18. DDT	●	殺虫剤	50. ベノミル		殺虫剤
19. DDE and DDD	●	殺虫剤	51. キーポン（クロルデコン）		殺虫剤
20. ケルセン	◎	殺ダニ剤	52. マンゼブ（マンコゼブ）	◎	殺虫剤
21. アルドリン	―	殺虫剤			
22. エンドリン	―	殺虫剤	53. マンネブ		殺虫剤
23. ディルドリン	◎	殺虫剤	54. メチラム		殺虫剤
24. エンドスルファン	◎	殺虫剤	55. メトリブジン	―	除草剤
25. ヘプタクロル		殺虫剤	56. シペルメトリン	―	殺虫剤
26. ヘプタクロルエポキサイド		ヘプタクロルの代替物	57. エスフェンバレレート	―	殺虫剤
27. マラチオン		殺虫剤	58. フェンバレレート		殺虫剤
28. メソミル	●	殺虫剤	59. ペルメトリン	◎	殺虫剤
29. メトキシクロル		殺虫剤	60. ビンクロゾリン		殺菌剤
30. マイレックス		殺虫剤	61. ジネブ		殺菌剤
31. ニトロフェン	―	除草剤	62. ジラム		
32. トキサフェン		殺虫剤	63. フタル酸ジペンチル		以下3つはプラスチックの可塑剤であるが我が国では生産されていない
33. トリブチルスズ	◎	船底塗料、漁網の防腐剤	64. フタル酸ジヘキシル		
34. トリフェニルスズ	◎	船底塗料、漁網の防腐剤	65. フタル酸ジプロピル	◎	
35. トリフラリン	●	除草剤			
36. アルキルフェノー	●	界面活性剤の原料			

―：未検出　◎：いずれかの媒体で検出　●：いずれかの媒体で最大値が過去の調査を上回ったもの
無印：調査未実施
出所：環境庁『環境ホルモン戦略計画SPEED'98』2000年11月版から転載

して67物質をリストアップし、その後2000年に改訂を加えて65物質とした（表Ⅰ-4-1）。

しかしこれらの物質は、内分泌攪乱作用の有無、強弱、メカニズム等が明らかになったものではなく、あくまでも優先して調査研究を進めてゆく対象物として選定されたものであるにもかかわらず、しばしば「環境ホルモン」に確定したものとして誤解を招いているようである。つまりこのリスト上には、環境ホルモンとしてほぼ間違いない物質から、その影響の有無がはっきりしない物質まで一律に記載されている点に注意しなければならない（リストアップされた個々の化学物質の特徴等については、第Ⅴ章にて具体的に解説）。

環境庁では、これらの物質を中心に全国の環境実態調査を実施している。1998年にはその結果をもとに、トリブチルスズ、ノニルフェノール、4-オクチルフェノール、フタル酸ジ-n-ブチルについて、リスク評価を行うことになり、現在も多くの物質についてリスク評価が遂行されている（表Ⅰ-4-2）。そこで2001年8月には、ノニルフェノールが、メダカに対してエストロゲン類似作用を示し、魚類の生体に悪影響を及ぼすことを明らかにし、ノニルフェノールは魚類に対して内分泌攪乱物質であると断定している。一方、スチレン2

表Ⅰ-4-2　環境ホルモンに対する日本のリスク評価への取り組み

2000年度にリスク評価に着手した12物質	2001年度にリスク評価に着手した8物質
1. トリブチルスズ	1. ペンタクロロフェノール
2. ノニルフェノール	2. アミトロール
3. 4-オクチルフェノール	3. ビスフェノールA
4. フタル酸ジ-n-ブチル	4. 2,4-ジクロロフェノール
5. フタル酸ジシクロヘキシル	5. 4-ニトロトルエン
6. ベンゾフェノン	6. フタル酸ジペンチル
7. オクタクロロスチレン	7. フタル酸ジヘキシル
8. フタル酸ジ-2-エチルヘキシル	8. フタル酸ジプロピル
9. フタル酸ブチルベンジル	
10. フタル酸ジエチル	
11. アジピン酸ジ-2-エチルヘキシル	
12. トリフェニルスズ	

出所：松井三郎ら『環境ホルモン最前線』有斐閣選書（2002）から転載

量体（ダイマー）、スチレン3量体（トリマー）は、極めて高濃度であってもラットの子宮を肥大せず、人間に取り込む量も限られていることから、内分泌攪乱作用は極めて低いとされ、2000年7月開催の内分泌攪乱化学物質問題検討会において、当該リストから削除されている。

　また、n-ブチルベンゼンも、現時点では現実的なリスクが想定しがたいと判断されるべきものであり、数万以上ともいわれる多くの化学物質の中で取り立てて内分泌攪乱作用を現時点で評価する必要ないものと位置づけられたため、同年10月開催の同検討会において当該リストから削除された。

　世界保健機関（WHO）、経済協力開発機構（OECD）や各国の政府においても、試験法の開発など内分泌攪乱物質問題に対する様々な取り組みが進められている。OECDは、1997年に環境ホルモンの試験法を開発するためのワーキンググループ（EDTA：Endocrine Disrupters Testing and Assessment）を設置し、以後、毎年会合を開催しており、化学物質の毒性試験と発癌試験の他に、新たに環境ホルモン作用を検出する試験法を確立した。

　これまでの毒性試験は、ヒトの健康を中心に考えられてきたが、新たなホルモン作用を調べる試験法では、野生生物の健康への影響を配慮するために、魚類、両生類、鳥類、哺乳類を用いる方法を確立して、それぞれに対する化学物質に規制を考慮できるものになっている。つまり、生物によってホルモン系が異なるため、同じ化学物質でも、動物種によってその効き方が異なる可能性を念頭において、検討できるものとなっている。またOECDでは、エストロゲン活性を調べる手段として、雌ラットやマウスを用いた子宮重量増加試験（子宮肥大試験）を選択し、2001年にOECDの加盟国の多くの研究所で同一の試験方法を用いた結果を発表している。

　WHO、国際環境計画（UNEP）、国際労働機関（ILO）の共同事業である国際化学物質安全性計画（IPCS：International Programme on Chemical Safety）では、2002年8月に、内分泌攪乱物質に関する世界規模の包括的な科学文献レビュー報告書『内分泌攪乱物質の科学的現状に関する世界的評価（Global

Assessment of the State‐of‐Science of Endocrine Disruptors)』を公表した。

　この報告書の中で、ある種の野生生物では、環境ホルモンへの曝露によって悪影響が生じているという確たる証拠があると断言しており、また一般的にはヒトへの健康が害されているという証拠は弱いものの、さらなる調査を要すると結論づけている。つまり科学的不確実性や懸念があるため、このような化学物質による潜在的な影響に関する調査は世界的に重視されるべきであり、特に胎児や新生児などその影響を受けやすい人たちに関する調査は急務であるとしている。

　なお、この報告書作成に当たり、調査には60名以上の国際的な科学者が、作業グループのメンバーや執筆者等として貢献している。またこれらの評価では、環境ホルモンについて国際的な視点を提供し、さらに証拠の強さを分析するフレームワークを提供した点において注目を集めている。

第II章
環境ホルモンの生殖器官への影響

　第I章で述べてきたように、環境ホルモンが攪乱している生体ホルモンとは、主としてステロイド系に属する脂溶性の性ホルモンであり、これらの化学物質が、本来女性ホルモンのみに結合するレセプターに合い鍵のように結合したり(エストロゲン様作用)、あるいは男性ホルモンがレセプターに結合するのを阻害したり(抗アンドロゲン様作用)する可能性が示唆されている。

　そこで第II章では、まず性ホルモンが「性の分化」にいかに重要な役割を果たしているかを説明し、次に周生期(胎児期から新生時期)における性ホルモン環境に変化が生じた結果、生殖機能に不可逆的な変化が起こってしまう現象について、動物実験や野生動物の例等を取り上げながら解説することにする。最後に、ヒトにおいて報告されている様々な生殖異常は、環境ホルモンの影響によるものと考えられるかどうか、現段階での科学的知見から得られる最新の情報を紹介しようと思う。

II-1　性の分化の原理

　哺乳類において、周生期(胎児期から新生時期)にホルモンによって起こる変化のうち、最も特徴的な現象が「性分化」であると思われる。哺乳類の性を性分化の観点から見た場合、①遺伝的性、②生殖腺による性、③生殖器官等に

よる性の3つを考えることができる。まず、性分化の第一段階である生殖腺の分化（生殖腺の原基が精巣になるか卵巣になるか）は、「遺伝子」によって決定づけられる。つまり、受精による染色体の組み合わせがXYであると精巣が形成され、XXであると卵巣が形成される。もともと哺乳類の場合は、生殖腺原基は「卵巣」になるのが基本型となっており、それが精巣になるためには、雄のみが持つY染色体上のSRY遺伝子によって、生殖腺原基が精巣に分化されるのである。ヒトの場合、精巣への分化は妊娠7週目、卵巣への分化は妊娠8週目頃に起こると言われている。

しかし、遺伝子の働きが関わるのはこの段階までであり、その後は「性ホルモン」が重要な役割を果たすことになる（図Ⅱ-1-1）。すなわち、生殖器官は雄雌どちらの場合も雌型にデフォルメされており、雄では遺伝的に決定された精巣によって分泌されるホルモンの作用により、雄型へ変化してゆくことになる。

生殖輸管はもともと雄性生殖器官の基になる「ウォルフ管」と雌性生殖器官の基になる「ミュラー管」からなっている。雄の胎仔の場合は、精巣で「ミュラー管抑制ホルモン」が分泌され、ミュラー管を退化させ、さらに男性ホルモンのアンドロゲン（主にテストステロン）も分泌されることにより、ウォルフ管が発達してくる。

一方、雌の胎仔の場合は、卵巣からいずれのホルモンも分泌されないために、ウォルフ管が退化し、ミュラー管だけが残り、発達してくる。ウォルフ管が発達すると副睾丸、輸精管、貯精嚢などが生成され、ミュラー管からは、輸卵管、子宮およびそれに続く膣の上部5分の3が生成される。このようにして、精巣から出るホルモンの有無により、雄雌では異なる内部生殖器官が発達してくるのである。

ヒトもこのような性分化の仕組みを持つために、もし生殖器官決定時期にホルモン環境に異常が生じれば、性分化が正常に行われないケースが実際に病例として見受けられる。例えば、「精巣性女性化症候群」という突然変異による疾患の場合、染色体はXYの男性型で精巣を持ち、男性ホルモンを正常に生成・

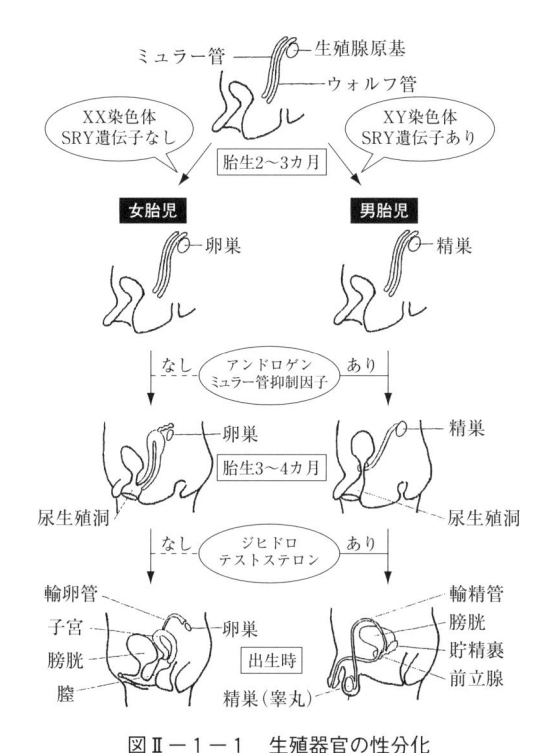

第Ⅱ章　環境ホルモンの生殖器官への影響　33

図Ⅱ−1−1　生殖器官の性分化
出所：日本比較内分泌学会編『生命をあやつるホルモン』講談社（2003）

分泌しているにもかかわらず、ホルモン効果が発現せずに、体形や内外性器は女性型になり、外見上は完全な女性と見なされる。しかし、初潮が来ないために、医師を訪れてから初めてこの病気が発見されることが少なくない。このような患者のアンドロゲン受容体には、いろいろな部位に塩基配列の突然変異が認められ、ホルモン結合領域が無いために、アンドロゲンと結びつかず、本来の作用である遺伝子転写を開始することができないのである。

　一方、性ホルモン分泌自体に異常があるために、性分化が正常に行われない病気もあり、ここでは「先天性副腎過形成症」と「プレダー病」について紹介することにする。先天性副腎過形成症とは、副腎皮質におけるステロイドホル

モンの合成過程に関与する酵素が、先天的に欠損あるいは活性が低下しているために起こる代謝性内分泌疾患であり、コルチゾル産生障害のため、その前駆物質である17-OHPが体内に蓄積し、副腎性のアンドロゲンが過剰に産生されてしまうと言われる。よって、もしこの病気が女児に発症すれば、胎児期に多量のアンドロゲンを浴びることになり、男性化現象を引き起こしてしまう。またプレダー病とは、先天性過形成症でありながら、アンドロゲンも分泌できない、すなわち、副腎皮質ホルモンも性ホルモンも分泌できない病気である。従ってこの病気が男児に発症すれば、胎児期にアンドロゲンを浴びることがないので、遺伝的に男性（XY）であっても、生殖器が女性化してしまうのである。

　以上述べてきたように、胎児期の精巣から分泌されるアンドロゲンの有無が、未分化な生殖輸管系に影響を及ぼすことにより、生殖器官の性差を発現するのだが、さらに興味深い現象としては、生殖器官を調節している中枢神経（視床下部――脳下垂体系）の性分化にも胎児期のアンドロゲン分泌の有無が関与することが分かっている。

　このようにアンドロゲン分泌の有無により脳の性分化が起こる結果、男女では行動や生理に様々な違いが生じるのであるが、その中でも最も典型的な差異は、成長後に脳下垂体から出るホルモンの1つ、「黄体形成ホルモン（LH）」の分泌様式であると思われる。

　ヒトの女性の場合、脳下垂体から「卵胞刺激ホルモン」分泌されることにより、エストロゲンの分泌が促される。そしてその2週間後に大量に分泌されたエストロゲンは脳の性中枢を刺激することを介し、脳下垂体からLHが分泌されて排卵が起こる。つまり女性の体内では、LHが27〜28日くらいの周期性を持って大量に血液中に放出され、その結果、受精可能な卵が卵巣から放出されるという仕組みが備わっている。一方、男性の場合は、LHが少量しか分泌されず、また男性ホルモンの周期性も認められない。

　このように女性ホルモンの分泌が間欠的である（周期性を持つ）理由として考えられることは、女性ホルモンには一種の毒性が伴っており、多量の女性ホ

ルモンが連続的に生殖器官に作用すると、腫瘍などのガンの増殖を促すことが確認されている。従って、周期性はそれを回避するための生体機能として備わったとも捉えることができる。

女性におけるこの黄体形成ホルモン（LH）の分泌は、脳の視床下部で産生される「生殖腺刺激ホルモン放出ホルモン（GnRH）」によって調節されており、GnRHが大量に脳下垂体に届けば、LHが大量に放出される仕組みになっている。しかし、男性の場合は、胎児期に精巣から分泌されるアンドロゲンの影響により、このようなシステムが機能していない。つまり、アンドロゲンの一種であるテストステロンは、将来GnRHを大量に放出させるのに必要な神経系の機能を、胎児期の時に変化させてしまうからである。ヒトの場合、男胎児におけるテストステロンの血中濃度が最高値に達するのは、妊娠16週あたりであることから（図Ⅱ－1－2）、ヒトの脳の性分化はこの前後に起こると推察される。

このようにして、脳の性分化が起こることにより、それに関連する様々な行動、嗜好、思考力などに男女差が生じるものと考えられるが、この点に関しては第Ⅲ章で詳しく解説することにする。

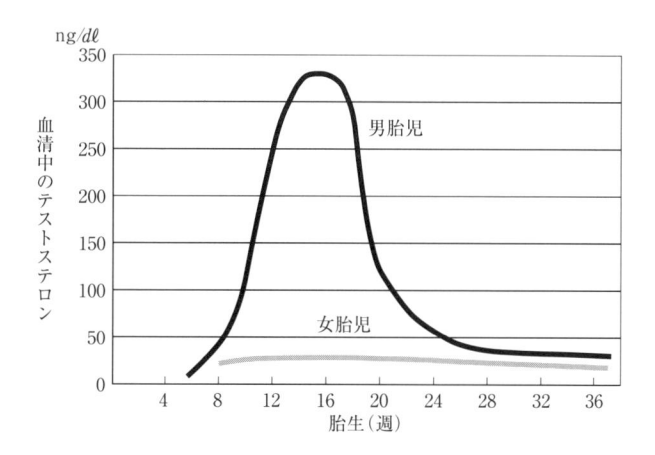

図Ⅱ－1－2　胎生期のアンドロゲンの消長
出所：日本比較内分泌学会編『生命をあやつるホルモン』講談社（2003）

ラットの場合には、中枢神経の性分化が出生直後のごくわずかな期間（臨界期）に起こり、この時期に雄ラットの精巣を摘出してアンドロゲンを分泌させないようにすると、中枢神経は「不可逆的」に雌型になり、成熟後には生殖腺刺激ホルモンを周期的に分泌するようになる。つまり、生殖器官の調節神経系も基本的には雌型になるよう仕組まれていると考えられる。

II-2　ホルモンによる不可逆的反応

　II-1で述べてきたように、胎児期のアンドロゲンの有無により決定された生殖器官は、一度決定されると元に戻らないため、この時期の性ホルモンの効果は「不可逆的」であり、性ホルモンに対して「可逆的」な反応を示す成体の場合とは性質を異にする。従って、ホルモンに対して非常に敏感な周生期（胎児期末期から新生期初期）において、性ホルモンの環境が変化してしまった結果、不可逆的な反応が起こるケースについて、いくつか紹介することにする。

(1) 連続発情ラット
　雌ラットに対し、出生直後の臨界期（数日間）内に精巣を移植すると、生殖腺の調節系は雄型に決定されるため、成熟後に生殖腺刺激ホルモンの持続的分泌が起こるようになる。この現象はすでに1936年にファイファーにより明らかにされていたのだが、卵巣からの内因性のエストロゲン分泌も持続的になるために、いわゆる「連続発情ラット」と呼ばれ、1950年代後半から中枢神経の性分化を解き明かすモデル動物として利用されている。実験的に連続発情ラットを作る場合は、出生後1週間以内にアンドロゲンを最低1回投与することで可能になり、この場合も成熟してから排卵が起こらず、膣スメア（分泌液）も周期性を示さずに、膣上皮の持続的な角質化と増殖が見られる（連続発情）。この臨界期におけるホルモンの投与量は、出生後の早い時期ほど少量でも影響を及

ぼすと言われている。

　東京大学の高杉らは、出生直後の雌ラットにアンドロゲンではなくエストロゲンを投与した場合でも、排卵が起こらず、連続発情を示すことを見いだし、脳の雄化にはエストロゲンが関与している可能性を示唆した。本来精巣から分泌される性ホルモンはアンドロゲンであるのに、エストロゲン投与でも連続発情が可能になる理由は1970年代になってから明らかとなった。すなわち、代表的なアンドロゲンであるテストステロンは一部が脳内でエストロゲンに芳香化されていて、これが中枢神経に作用することにより、脳の雄化を引き起こしていることが判明したのである。

　このように臨界期に性ホルモンを曝露された雌ラットは、終生排卵をすることが無いので「無排卵ラット」とも呼ばれ、排卵の証拠となる黄体の形成は無論認められない。そしてこのようなラットの膣上皮は常に発情期の組織像を示しており、この変化も持続的に分泌されるようになった卵巣からの内因性のエストロゲンによって引き起こされるものであると考えられるため、仮に卵巣摘出処理を行えば退化してゆくことになる。従って、臨界期に性ホルモンを投与された雌ラットに生じる膣上皮の連続発情状態は、卵巣のエストロゲンに依存した「可逆的」なものであると考えられる。

　一方、臨界期にアンドロゲンを雌ラットに投与すると、際だった形態的変化が見られないものの、流産等の引き金になるような顕著な子宮機能低下を引き起こしており、さらにこの子宮機能不全は膣上皮とは異なり、回復を示さない「不可逆的」な変化となることが判明した。この連続発情ラットにおける子宮の恒久的な機能低下は、まず臨界期に投与したアンドロゲンが関与し、さらに持続的に分泌されるようになった内因性のエストロゲンが加わることによる共同効果であると考えられている。つまり上述したように、臨界期に投与したアンドロゲンの一部は脳内でエストロゲンに変化して作用していると考えられており、この変化したアンドロゲンが中枢神経に作用して脳の雄化を引き起こすと同時に子宮にも作用し、子宮機能を不可逆的に低下させる可能性が示唆されて

いる。さらにこれに付随して持続的に分泌されるようになった内因性のエストロゲンの作用が、子宮機能により著しい低下を引き起こすと考えられている。

　成雌を用いた実験において、子宮がより多くのエストロゲンに曝されることにより、その寿命が短縮する現象が確認されているため、臨界期に投与された性ホルモンは、ラットの子宮低下を引き起こし、その年齢を著しく加速させる方向にも働くものと推察される。また子宮は臨界期の間に雌性ホルモンに対する反応性を獲得するといわれているため、この時期に性ホルモンに曝露された場合、ホルモンに対する反応性が不可逆的に変化して、将来の妊娠成立と維持に支障が出てくる可能性も示唆されている。

(2) マウスにおける膣上皮の不可逆的増殖
　1962年に高杉らは、マウスにおいて出生直後にエストロゲンや合成エストロゲン（ジエチルスチルベストロール：DES）を投与すると、ラットの場合と同様に、膣上皮の持続的な増殖と角質化が起こることを見いだした。しかし、マウスの場合は上述した連続発情ラットとは異なり、卵巣のエストロゲンに依存しない「不可逆的」な増殖と角質化が起こっており、やがて成熟すると膣ガンに移行することを突き止めた。つまり臨界期にエストロゲンを投与された雌マウスは、成熟後も連続的な膣上皮の増殖と角質化を示しているが、子宮の方は萎縮して卵巣でのエストロゲン分泌は認められなかったのである。従って、出生直後のエストロゲン投与により生じたマウスの連続発情は、ラットの場合とは全く異なり、エストロゲンに依存しない膣だけの連続発情であると考えられた。

　そこで臨界期に曝露されたエストロゲンの影響により、本来は体内のエストロゲンに反応して増殖するように定められているはずの膣上皮細胞が、エストロゲンにコントロールされなくても自律的に増殖してしまうメカニズムを知る必要がある。出生直後のマウスの膣は単層の円柱細胞で出来ているが、臨界期にエストロゲンを投与すると大型の球状細胞（B型細胞）が上皮の基部に出現し、その後も増殖を続け、やがて膣上皮全体に広がり、ついにはもともと存在

する円柱細胞層を脱落させて、不可逆的増殖を示す上皮の完成に至るという。従って、エストロゲンに可逆的に反応する通常の膣上皮は円柱細胞からなるが、臨界期に曝露されたエストロゲンの影響により不可逆的な増殖を示すようになる上皮の方は、それとは別の細胞から分化してくるため、正常な上皮とは構成細胞が全く異なることが示唆されている。

　高杉らは、このB型細胞は、出生後間もない膣上皮中に存在する小型の球状細胞（A型細胞）から変化したものであると推察している。つまりこのA型細胞の小集団は、本来正常マウスでは生後数日以内に消失するものであるが、臨界期にエストロゲンの曝露を受けると、A型細胞の数が反対に増加し、その集団からB型細胞が出現すると考えたのである。従って、本来器官の発生過程でのみ発現して、その後役目を終えて自然淘汰されるはずの細胞（A型細胞）が、その間に性ホルモンの曝露を受けることよって残存した場合、その器官に腫瘍を発生させる動因に変化してしまう可能性が示唆されている。

　マウス膣上皮の不可逆的変化は、エストロゲンだけでなく、アンドロゲンによっても引き起こされる。しかしラットの場合は両者が同様な影響を与えるのに対し、マウスに及ぼすアンドロゲンの作用はエストロゲンの場合とは著しく異なることが判明した。すなわちアンドロゲンの場合、投与直後には特別な膣上皮の増殖が生じない「潜伏期」が見られ、その後B型細胞とは別種の大型の細胞が増殖・角質化を持続するようになる。しかし、この細胞は次第に上皮から消失して、結局はB型細胞に置き換わってしまうといわれる。このようにマウスの臨界期におけるエストロゲンもしくはアンドロゲンの曝露よって生じる膣上皮の不可逆的変化は、それぞれが全く別の経過をたどるにもかかわらず、最終的には細胞・組織学的に同様な構造を呈することが明らかとなった。

　雌マウスに対し、臨界期に性ホルモンを投与するだけでも膣上皮に腫瘍が発生するのであるが、さらに成熟前にエストロゲンと黄体ホルモンを投与すると、膣上皮の過剰増殖の症状が一層激しくなることから、ごくわずかであっても卵巣由来の内因性の性ホルモンが加わることで、腫瘍化は促進されることが推察される。

一方、合成エストロゲンであるDESは、卵巣に対して極めて特異的な変化をもたらすことが知られている。すなわち、臨界期にDESに曝露されたマウスの卵巣中において、通常は卵胞に1つの卵子しか含まれないはずなのに、2～22個の卵子が含まれる「多卵性卵胞」の形成が観測されるという。この理由として、臨界期にDESに曝露されることにより、卵巣の成長が遅れてしまい、生殖腺刺激ホルモンに対して十分に反応することができなくなったためであると考えられている。

　以上のような、実験動物のマウスに対して引き起こされる性ホルモンの不可逆的な反応というものが、ヒトの健康被害にも及んでいたことが、ある歴史的事件を通して発覚したのである（以下を参照）。

(3) ヒトでも起こったDESシンドローム

　実験動物のマウスを用いて発見された性ホルモンによって引き起こされる現象が、不幸にして人間においても起こってしまったケースを紹介する。1938年に世界で初めて人工的に合成された女性ホルモンであるDES（ジエチルスチルベストロール）は、1940年代になると、流産防止等を目的にして医療現場で重用され、急速に普及するようになった（詳しくはV-1 (4) 天然および合成エストロゲンを参照）。ところが上述したように、1962年に高杉らは出生直後の数日間にDESをマウスに投与すると、膣上皮の持続的な増殖と角質化が起こり、やがては腫瘍化することを発見し、これを契機にこの種の研究が盛んに行われるようになっていた。しかし、医療現場はこの論文の警告に耳を傾けずに、DESを使用し続けてしまったのである。

　やがて1971年に産婦人科医のハーブストらは、当時80歳代の老女にしかみられなかった腺ガン、明細胞ガンなどの珍しい型の膣ガンに、15歳から22歳までの8人もの若い女性が侵されていることに気づき、そのうち7人は母親が妊娠中にDESを服用していることを突き止めた。ハーブストらはその後10年の歳月を掛けて、DESの治療を受けた母親から生まれた女性における膣ガン発生につ

いて精力的に調査を行った結果、胎児期に曝露されたDESと成長してから発生するガンとの間に高い相関性があることを立証したのである。

この事件は、臨界期に性ホルモンに曝露されたマウスが、やがて成熟する過程において自分自身の内因性の性ホルモンが加わることにより、腫瘍化が促進されたという動物実験結果が、まさにヒトにおいても実証されてしまったというべき歴史上に残る惨事となってしまった。

(4) 性ホルモンによる精巣機能低下

次に、雄ラットやマウスの精巣機能に及ぼす性ホルモンの影響を説明する。

まず雄ラットに対し、出生日よりエストロゲンを連続的に増強しながら20〜30日間投与して、約100日齢で調べた精巣重量は、エストロゲンを投与しなかった雄ラットと比較して10分の1から5分の4ほどに軽くなり、また精巣も生殖腺付属器官も著しく萎縮しており、精子形成の停止および生殖上皮も退行していることが分かった。しかし、精巣の萎縮と生殖上皮の退行は、投与されたエストロゲン量に依存するものの、200日から360日齢を過ぎるころには次第に生殖上皮に回復が認められ、精子もある程度形成されるようになるという。

従って、出生直後からエストロゲンに曝露された雄ラットは、投与後一定期間は脳下垂体からの生殖腺刺激ホルモンの分泌が著しく減少するものの、時の経過とともにこの刺激ホルモンの分泌量が増加して、生殖上皮の回復を示すと考えられる。しかし、一部の雄ラットに見られた貯精巣囊上皮の悪化は回復を示さず、エストロゲンによって引き起こされた「不可逆的」な変化であるといえる。なお、連続投与ではなく、エストロゲンの一回の投与でも早期に行えば、精巣の萎縮と精子形成の停止が見られたという。

一方、雄ラットにエストロゲンではなく、アンドロゲンを連続投与すると、精巣の萎縮や精子形成に異常が見られなかったという。また1回投与の場合は、精巣および付属腺の萎縮が見られ、早期に受けたものほど効果が大きかったが、精巣の組織構造には全く異常が認められず、交配した雌を充分に妊娠させる能

力を有していると報告されている。

　従って、幼時期に雄ラットに投与したアンドロゲンが視床下部脳下垂体に影響を与え、性腺刺激ホルモンの分泌を一時的に低下させるが、エストロゲンとは異なりアンドロゲン自体に精子形成を促進させる能力を有するため、アンドロゲン投与の精巣への影響の方が、極めて小さいことが示唆された。

　ところが、マウスの精巣の対しては、上述したラットの場合と異なり、エストロゲンは極めて深刻な「不可逆的」変化をもたらすことが1970年代に行われた高杉らの一連の研究により明らかにされた。

　雄マウスに出生日から連続的にエストロゲンの増強投与を15日間続け、60日齢で観察したときの状態は、精巣の著しい萎縮と精子形成の停止に加え、激しい精巣破壊が起こっていたという。さらにラットの場合とは異なり、時が経過すると回復どころかむしろ悪化してゆく傾向を示した。さらに巨大精母細胞の出現や、上皮の基部に位置する精原細胞の中の細胞膜の消失等の不可逆的な変化が起こっており、これらの異常は、幼時期に投与されたエストロゲンが精巣に直接的な作用を示した結果であると推察された。なぜなら生後20日頃までの精巣発達は、脳下垂体の生殖腺刺激ホルモンの影響をあまり受けないと考えられているため、これらの異常が生殖腺刺激ホルモンの分泌低下によってもたらされたとは考えにくいからである。

　アンドロゲンについても、出生日より15日間連続的に雄マウスに増強投与して60日齢における観察の結果、投与量に応じて精巣の萎縮が認められるものの、精子形成率はそれほど低下しておらず、ラットの場合と同じように、精巣に対するアンドロゲンの影響は、それほど大きくはないことが分かった。しかし、40日齢の観察によれば、精巣重量が正常マウスの10分の1程しかなく、さらに生殖上皮は精母細胞ばかりで精子の姿が見当たらず、この状態は10～15日齢に相当するものであり、生殖腺刺激ホルモンがかなり低下していると判断された。

　従って、マウスの精巣に及ぼすアンドロゲンの影響はラットよりも深刻であり、40日齢位まではその作用を持続させる効果を持つものの、60日齢頃になれ

ば精巣機能の回復を見せるものと考えられる。ただし、マウスの場合60日齢経過しても、生殖腺刺激ホルモン分泌を正常レベルにまで産生できるほどには回復していないことが示唆された。

　以上述べてきたようなラットやマウスを用いた動物実験の結果を総括すると、周生期に投与した性ホルモンの影響は、雄よりも雌において深刻に発現するように思われる。この実情をヒトに拡大して考察してみるならば、男性の場合、仮に精子形成能が衰えていたとしても、最新の医療技術を駆使すれば、受精卵を得ることは充分に可能となると思われる。

　しかし、女性における性ホルモンの影響はかなり深刻であると思われる。例えば、ホルモン処理によって排卵を誘発して人工的な手段によって受精卵を得たとしても、妊娠初期から分娩に至るまでの長期間にわたって胎児の成長を支える子宮の代わりを作ることは現段階では到底考えられないからである。

(5) 母親のストレスによるラットの性分化の異常

　1971年にビラノバ大学のワードは、妊娠しているラットを狭い場所に閉じ込めて動けなくなるというストレスを加えると、生まれてきた雄ラットの性行動がメス化することを発見した。この理由として、過剰なストレスが母親に加わることで母親から副腎皮質ホルモン大量に分泌されるため、胎児の精巣におけるアンドロゲンの分泌が減少し、脳の性分化が正常に起こらなかったものと考えられる。

　1980年にフンボルト大学のダナーは、この「ストレスによる雄ラットの性行動の雌化現象」が、ヒトにおいても同様な現象として起こるのではないかと推察し、さらにこの仮説により男性の同性愛者を説明する試みを行っている（詳しくはⅢ-4を参照）。

(6) 野生生物で起こっている生殖異変

　Ⅱ-1で説明したように、哺乳類の場合、性分化の第1段階である生殖腺の

分化（生殖腺の原基が精巣になるか卵巣になるか）は、「遺伝子」によって決定されており、ここまでの変化は外的要因によって変化することはない。しかし、外的要因で性が変化してしまう動物種も存在する。例えばメダカの場合、雄の稚魚にエストロゲンを投与すると、卵を作るようになり、両生類においても同様な現象が見られるという。

また、爬虫類のワニやカメは、卵が置かれている場所の温度によって、雄になるか雌になるかが決定されることが知られている。例えばアメリカワニの場合、33℃より高い温度環境に卵を置くと雄になり、それより低い温度環境に置けば雌になるようである。アカミミガメの場合は逆で、26℃以下であれば雄に、31℃以上であれば、すべて雄に分化するという。ところが、これらのワニやカメの卵の表面にPCB（ポリ塩化ビフェニール）や合成殺虫剤のDDTを塗っておくと、本来雄になるはずの温度に置いても雌が生まれてくることが判明した。

哺乳類の場合は胎盤を通じて母親のエストロゲンが流れてくるために、それによる影響で性の分化が左右されないように、遺伝子的にプログラムされた性に分化するような仕組みが発達してきたと考えられている。魚類や両生類の場合でも、本来ならば生息する海や川に性の決定を左右するほどの量のホルモン含まれていないため、通常は問題が生じることはない。

しかし、最近では環境ホルモン様物質が河川や池に増加してきていると世界各地で報告されているので、自然環境に適応しながら繁殖によって種の存続を維持している野生生物にとって、人間が作り出した合成化学物質の引き起こす脅威に曝される状態に陥ることになる。そこで、実際に起こった環境ホルモン様物質による野生生物の生殖異変について、いくつか代表的な事例を示そうと思う。

1980年代にイギリスの河川において、コイ科の魚のローチの中に雌雄同体が見つかり、この川から経口避妊薬のピルの主成分であるエチニールエストラジオールや天然エストロゲンが検出されたため、これらの成分が下水処理後も残存し、川に流出していることが関与していると判明した。また、同様な現象が羊毛工場近くの下水処理施設下流でも起こっており、こちらの場合は毛を洗う

洗剤の界面活性剤（ノニルフェノールエトキシレート）の分解産物であるノニルフェノールが起因していることが分かった。
　一方、フロリダのパルプ工場の下流に住む硬骨魚カダヤシの雌に、雄の交尾器ができているのが見つかった。この原因は、木を潰して洗った後の工場排水には植物性のエストロゲンであるシトステロールが含まれていたため、これがアンドロゲンに転換されて作用したと考えられた。
　最も有名な事例としては、フロリダのアポプカ湖に棲むワニの多くに生殖異常が見られたことであり、この現象がフロリダ大学のジレットらによって報告されると、世間を震撼させるに至った。通常のワニの卵胞の中には卵が1つだけ存在するが、アポプカ湖のワニの場合は、Ⅱ-2で紹介した臨界期のマウスにエストロゲンを投与した際に見られる現象と同様な「多卵性卵胞」状態が見つかったのである。また通常の雄ワニに比べてペニスが半分以下にしか発達していないものや、ペニスが全く無くなって雌のような外観をしているものも見つかり、全体として捕獲した80％もの雄ワニから、生殖器に何らかの異常が起こっていることが判明した。
　この原因として、アポプカ湖がDDTに汚染されていたために、その代謝産物がエストロゲン様作用を示すことにより、ワニの生殖に影響を及ぼしていることが示唆された。アポプカ湖では1980年にタワーケミカルという農薬会社の垂れ流し事件があり、その流出事故から10年経過した当初、湖水はかつての清浄さを取り戻したかのように見えていた。しかし流れ出したDDTは食物連鎖を通じて湖水生物の体内に蓄積しており、それらを食べたワニの生殖に確実に影響を及ぼしていたのである。
　さらにこれらのワニの体内からp,p-DDEが発見され、これはDDTの代謝産物であり抗男性ホルモン様作用を示すため（詳しくはⅤ-1（3）有機塩素系農薬を参照）、この影響により、エストロゲン様作用がさらに増強されるものと考えられた。
　海産巻貝イボニシの雌において、ペニス様の突起や輸精管を持ち、生殖能力

を失っている「インポセックス」のものがイギリスや米国、日本においても見つかっている。このインポセックスの原因は、船底塗料や漁網の防汚剤として使用されていた有機スズ化合物によるものだと判明した。有機スズ化合物は極めて毒性が高く、致死量よりも低い濃度では、雌に対して雄の性徴を不可逆的に誘導すると言われている（詳しくはV-1 (5) 有機スズを参照)。

　国立環境研究所の堀口らの調査によれば、日本のイボニシなど約39種類の巻貝にインポセックスが認められており、その現象はほぼ全国にわたって見受けられたと報告されている。

　I-4で紹介したOECDの野生生物への環境ホルモンの影響を考慮した試験法の中で、アフリカツメガエルが両生類試験の実験動物として用いられている。2002年にカリフォルニア大学のヘイズらにより、除草剤のアトラジンがアフリカツメガエルに及ぼす影響に関する報告がなされている。アトラジンは現在世界的に広く利用されており、米国では特にトウモロコシ畑で多用されているが、アトラジンの水道基準は3 $\mu g/\ell$ とされている。ところがアトラジン濃度が0.13 $\mu g/\ell$ と微量であっても、この水でアフリカツメガエルの受精卵を飼育すると、生殖腺の中に卵巣と精巣が入り乱れる雄雌同体が出現することが明らかになった。この結果が示唆することは、動物種によっては従来のヒトの環境基準では影響を受けてしまう可能性があるものも存在するということである。

　この他にも世界各地で種々の魚類、両生類、爬虫類、鳥類、海生哺乳類などの野生動物の生殖異変が発見され、その原因は環境ホルモンに起因するものであることが次第に明らかにされている（表II-2-1）。

　以上述べてきたように、野生生物や実験動物で確認されている特異な生殖異常の現象は、ヒトにおいても起こる可能性は充分に考えられる。先に紹介したコルボーンらの『奪われし未来』においても、環境ホルモンのために、鳥のさえずりも魚のはねる音も聞こえない『沈黙の春』（レイチェル・カーソン著）になり、やがては人類の未来も奪われることが警告されている。そして実際に環境ホルモンがヒトの生殖に対しても影響を及ぼす可能性を疑う現象が次々に起

表Ⅱ－2－1　環境ホルモンの野生生物への影響に関する報告

生物		場所	影響	推定される原因物質	報告した研究者等
貝類	イボニシ	日本の沿岸	雄性化、個体数の減少	有機スズ化合物	Horiguchi et al. (1994)
魚類	ニジマス	英国の河川	雄性化、個体数の減少	ノニルフェノール、人畜由来の女性ホルモン *断定されず	英国環境庁 (1995、1996)
	ローチ	英国の河川	雄雌同体化	ノニルフェノール、人畜由来の女性ホルモン *断定されず	英国環境庁 (1995、1996)
	サケ	米国の五大湖	甲状腺過形成、個体数減少	不明	Leatherland (1992)
爬虫類	ワニ	米フロリダ州の湖	オスのペニスの萎縮、孵卵化率の低下、個体数減少	湖内に流出したDDT等有機塩素系農薬	Guillette et al. (1994)
鳥類	カモメ	米国の五大湖	雌性化、甲状腺の腫瘍	DDT、PCB *断定されず	Fry et al. (1987) Moccia et al. (1986)
	メリケンアジサシ	米国ミシガン湖	卵の孵化率の低下	DDT、PCB *断定されず	Kubiak (1989)
哺乳類	アザラシ	オランダ	個体数の減少、免疫機能の低下	PCB	Reijinders (1986)
	シロイルカ	カナダ	個体数の減少、免疫機能の低下	PCB	De Guise et al. (1995)
	ピューマ	米国	精巣停止、精子数減少	不明	Fecemire et al. (1995)
	ヒツジ	オーストラリア	死産の多発、奇形の発生	植物エストロゲン	Bennetts (1946)

出所：環境庁『環境ホルモン戦略計画SPEED'98』2000年11月版から転載

こっており、その因果関係の究明が待たれるのであるが、これらの現状については次のⅡ－3にて紹介することにする。

なお、Ⅰ－4で紹介した2002年に発表された国際化学物質安全性計画（IPCS）の『内分泌攪乱物質の科学的現状に関する世界的評価』では、野生生物において認められる種々の異常と環境化学物質の関連性は高いと断言している。

II-3　ヒトにおける生殖異常と環境ホルモンとの関連性

　ヒトにおける生殖異常と環境ホルモンとの関連性について検討されなければならない点は以下の2点に絞られる。まずその1点はII-2で述べてきたように、野生生物で確認され、動物実験により明らかにされている女性ホルモン様化学物質の生殖異常が果たして人間にも及んでいると言えるのかどうかということである。そしてもう1点は、もし不幸にも及んでいるとするならば、私たちの子孫にどのような影響を及ぼす可能性があるのかどうかについて明らかにすることである。

　従ってこの2点について、専門家たちが全力を挙げて研究に取り組まれることが望まれるのだが、それには人間を含む生物全般と化学物質との関係性を根本から見直す視点を持つことが大切であると思われる。以下に、「ヒトにおける生殖異常と環境ホルモンとの関係性」が疑われている現象について具体例を挙げながら現段階までの究明動向を紹介してゆくことにする。

(1) 精子の数の減少

　1992年スキャケベクらは、ヒトの精子減少に関する衝撃的な研究報告を発表し、世界的な注目を集めた。これは20カ国の過去50年間の精子に関する文献を集め、約1万5千人の男性のデーターを調査した結果であり、50年間に成人男性の精液中の平均精子数が、精液1ml中1億1,300万から6,600万に低下し、同時に精液量も25％減少していたというものであった。この報告に対して多くの研究者から懐疑的な意見が出されたものの、その後、同様な結果がフランス、スコットランド、ロンドン、日本などでも報告されている。帝京大学の押尾らの報告によれば、日本人の健康な若者の精子も正常ではないことを示唆している。また精子数には地域差があり、さらに20代の若者の精子数の方が40代に比べて少ないという結果が得られている。

このようなヒトにおける精子数の減少の原因も、環境ホルモンに起因する可能性が示唆されている。その根拠の１つは、精子の形成には様々なホルモンが関わっているため、これらのホルモンの血中濃度や精巣内でのホルモンレセプターの量が変化すると、精子形成に障害が起こると考えられるからである。

また精子の形成には精子になる細胞を保育するセルトリ細胞も重要な役割を果たしていると言われ、その理由は、精子の数はセルトリ細胞の数に依存していると考えられているからである。このセルトリ細胞は胎児期から思春期くらいまでに形成されて、それ以後は細胞数が増加することはなく、また動物実験では、胎児期にエストロゲンに曝露されることによって、セルトリ細胞数が減ることが確かめられている。そこでヒトにおける精子の減少の場合も、胎児期から新生期に女性ホルモン様化学物質の暴露を受けたためにセルトリ細胞が正常に作られずに、精子形成に影響を与えるのではないかという仮説が有力視されており、このことは動物実験においても確かめられている。例えば、スコットランドのメディカル・リサーチのリチャード・シャープ博士の研究によれば、オクチルフェノール、ビスフェノールＡ、フタル酸ブチルベンジルなどの環境ホルモン様物質を妊娠中のラットに投与すると、生まれた子どもの精巣のセルトリ細胞は明らかに減少することが報告されている。しかし、人間の精子の数が減っている原因が環境ホルモンであるとするのは、今の段階では仮説に過ぎず、専門研究による因果関係の究明が待たれる。

一方、精子数の計測に関しては、それぞれの調査による方法の差異が結果を大きく左右することが指摘されているため、スカキャベクらのグループが中心となり、世界数カ国で同一方法に基づく精子数調査が行われている。この調査に日本の厚生労働省研究班の岩本らも参加しており、結果がまとまれば精子数に関する世界的な統一見解が得られるものと期待されている。

2002年のIPCSの報告書では、ヒトの精子数の減少や精巣機能の低下とエストロゲン様物質や抗アンドロゲン様物質との関連が考えられると言及している。しかしながら、精子数減少そのものに対しては不明瞭であるとも記している。

(2) 子宮内膜症の増加

　1977年のウィスコンシン大学の研究グループの報告によれば、アカゲザルにある一定期間極微量のダイオキシンを混入したエサを与えた場合、10数年後に7割以上のアカゲザルに子宮内膜症が発症していることが確認された。このアカゲザルを用いた研究を契機にして、日本においてもダイオキシン問題が注目を集めることに伴い、子宮内膜症も確実に増加していることが分かってきたことから、ダイオキシン類がその原因物質として疑われるようになった。

　東京大学大学院理学研究科の守らは、マウスを用いた動物実験により、子宮内膜症発症機作を究明している。それによれば、臨界期の雌マウスにエストロゲンを投与すると、ホルモン分泌をコントロールする脳下垂体に異常をきたし、その結果エストロゲンだけでなく、プロラクチンというホルモンも絶えず分泌されるようになり、そのプロラクチンが子宮内膜症を引き起こすことを突き止めている。

　このように子宮内膜症の発症には、エストロゲンが関与する可能性は示唆されるものの、アカゲザルで観察された子宮内膜症の環境ホルモンによる影響が、そのまま人間に当てはまるかどうかは明らかにされていない。

　2002年のIPCSの報告書では、子宮内膜症の増加とダイオキシン類やPCB類の曝露、乳ガンの増加とDDTやPCB類の曝露に関して不明瞭であると述べている。

(3) 思春期早発症

　1997年ノースカロライナ大学小児科のギデンズ博士が米国の1万7,077人の3歳〜12歳までの女子の二次性徴を調査した結果、多くの女子たちにこれまでの基準よりかなり前から乳房の発達や陰毛の発生など二次性徴の兆しが認められ、「思春期早発症」の疑いがあることを指摘した。これを契機に2000年から2001年にかけて、『ニューヨークタイムズ』紙が女子の早熟化について取り上げた記事は、医学界のみならず、一般市民を巻き込んだ大きな議論に展開したという。これらの記事では、早熟の原因として、肥満、食品汚染を含む環境エストロゲ

ンやメディアなどの社会的要因を挙げており、女子の早熟化と環境ホルモンの関連性が新たに注目を集めることになったのである。

　動物実験や疫学調査においては、思春期早発症と環境ホルモンとの関連性を示唆する結果がいくつか報告されている。1999年ホーデシェルらは、ヒトが通常曝露されているのと同程度のビスフェノールAを臨界期の雌マウスに投与することにより、ヒトの二次性徴に相当するマウスの春期発情が早まったことを報告している。一方ヒトの場合においても、1970年代頃からからプエルトリコの女子に異常な早熟化現象がみられ、1980年代に社会問題にまで発展していた。

　しかし、当時はその原因は明確に特定することができなかったのであるが、2000年に再びプエルトリコの女子の早熟の問題がコロンらの論文により取り上げられることとなった。この報告では、8歳未満で早期乳房が見られた女子の68％から血清中にフタル酸エステルとその代謝産物が検出され、この値は早期乳房が認められなかった通常の女子の7倍の値に相当したという。フタル酸エステルはプラスチックの可塑剤として汎用され、内分泌攪乱物質と見なされているため（詳しくはV-2（3）可塑剤を参照）、これは女子の早熟化と環境ホルモンの関連性を疑う事例の1つであると考えられる。

　また2000年のブランクらによる報告では、1973年にミシガンの食品汚染事件によってポリ臭化ビフェニール（PBB）を胎児期および乳児期（母乳から）に曝露された女子327人を対象に調査を行い、初経の平均年齢や陰毛の発生の早まりを確認しており、周生期に有機ハロゲン化合物に曝露されると二次性徴に影響が出るという仮説を裏付けるものとなった。

　我が国においても、1997年に日本産婦人科学会、生殖・内分泌委員会が、日本人の女子の二次性徴が年々早まっていることを報告している。しかし、この発表が日本における環境ホルモン問題が表面化する少し前のことであったこともあり、社会問題までには発展しなかったのではないかと思われる。

(4) 低用量問題の危険性

　従来の毒性学では、試験動物を用いて、化学物質を投与したときの急性・慢性毒性試験、繁殖試験、催奇形性試験などを行い、外見や病理所見に異常が見られない最大薬量の1／100が、ヒトにとって安全な量として見積もられている。しかしホルモンの場合、濃度が高くなると「ダウンレギュレーション」という現象が起こり、ホルモンのレセプターが減少する場合も起こり得ることが報告されている。通常、化学物質は毒性を発現する濃度（閾値）があり、その化学物質を作用させたとき、閾値を上回れば反応が現れ、作用させた用量が多くなるほど反応も大きくなるという関係が成立する。しかし、環境ホルモンと疑われている物質の場合は、この関係が当てはまらずに、通常の化学物質による毒性発現よりも極めて低濃度で作用したり、閾値の有無がなかったりするというのである。これを「低用量問題」といい、環境ホルモンの潜在毒性を考える上で、今後検討すべき課題の1つとして挙げられている。

　1997年のミズーリ大学のフォンサールらの報告は、この現象を指摘したもの

であり、胎児期のマウスに種々の濃度のエストラジオールもしくはDESを投与して、8カ月後の前立腺の重量変化を調査したところ、いずれの場合も投与量がある量より多くなると前立腺重量がむしろ減少してゆくことを見いだした。つまり、この結果は最小影響濃度と定めた量よりもはるかに低濃度でホルモンの影響が出てくる可能性を示唆しており、従来の毒性学の概念を考え直す必要性があることを提案するものとなっている。

そこで米国の環境保護庁が中心となり、化学物質の低用量投与の問題についての会議がもたれた結果、低用量投与の影響があるとする研究の場合も、無いとする研究の場合も、実験方法やデーターの分析等に問題点が見当たらないため、どちらの可能性もあり得るという結論を出している。

一方、我々の周りには多種多様の化学物質が存在することから、複数の化学物質を同時に体内に取り込んでいる可能性も否めない。さらに単一の化学物質の量は活性の無いほど微量であっても、複数の化合物が複合することにより活性が出現する可能性が考えられる。従って、環境ホルモンの低用量の問題や複合作用の問題を解明するために、さらなる研究成果の蓄積が必要になると思われる。

第Ⅲ章
環境ホルモンと脳や行動異常

　近年、いわゆる「きれる子」などの神経行動発達異常や落ち着きのない多動症の子どもたちの増加、さらにナイフや金属バットを使った傷害事件などの少年犯罪が多発してきている。またゲイやレスビアンなどの同性愛者も増加してきており、これらの傾向を背景に、脳や感情と環境ホルモンとの関係性も指摘されるようになった。

　そこで第Ⅲ章では、まず胎児期の性ホルモンが「男性の脳」と「女性の脳」を作る重要な役割を果たしていることを解説し、さらに性ホルモン様作用を示す環境ホルモンが、脳の発達にも影響を与える可能性があるかどうかについて考察しようと思う。

Ⅲ-1　男女の脳の違い

　男性と女性では、一般にものの考え方や感情表現に違いがあると言われている。1992年のカナダウエスタンオンタリオ大学のキムラの報告によれば、男性の場合は「立体感覚認知」に優れ、女性の場合は「言語能力」に優れているという傾向が認められたという。このような能力的性差は、社会的要因によるものと認識される傾向が強いが、まず性差を示す中枢神経とは脳のどの部分に存在し、また中枢神経自体にも性差があるかどうかについて知る必要がある。

近年のテクノロジーの進歩により、高性能の機器類が開発され、実際に脳を切り開かなくても、脳内で動的に展開している状況を画像で捉えることができるようになり、能力的性差は生物学的背景に依存することが明らかにされてきた。例えば、磁気共鳴映像法（MRI）とは、脳の局部的な血流の変化を画像化できる装置であり、陽電子放射断層撮影法（PET）とは、脳の中で活発に活動している部位ほどエネルギー源のグルコースを消費する量が多くなることを利用した装置である。

　1995年、エール大学のシェイウィッツらは、MRIを用いて特定の言語能力を司る部位が脳に局在し、それに男女差があることを報告している。つまり、言語能力試験中に、男性では全員が左脳だけ神経活動が増加しているのに対し、女性ではほとんどの人が左右両脳で起こっており、女性は言語機能の中枢が脳の両半球に分散していることを明らかにしたのである。つまりこの結果は、言語を操るときに女性は理性的な働きをする「左脳」と感情を調節する「右脳」の両方を使っており、そのことが女性のその優れた言語能力にも繋がることを示唆している。

　1995年、ペンシルバニア大学のガールらは、PETを用いて感情調節能力の男女差を見いだした。その調査によれば何も考えない状態で脳の神経活動を調査

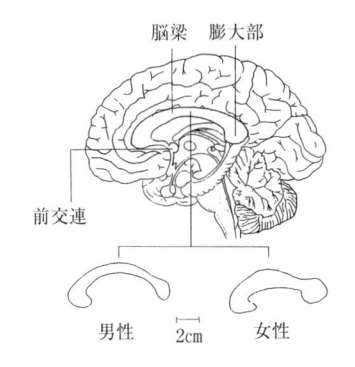

図Ⅲ−1−1　男性と女性の脳梁の差違
出所：高杉進ら『環境ホルモン——人類の未来は守られるか——』丸善（1998）

すると、男性の脳では原始的な感情（例えば怒り、攻撃性）を調節している大脳辺縁系部位の神経活動が女性よりも高く、女性の脳の場合では、より複雑できめ細かな情緒を調節したり、やる気を起こさせる部位と考えられる帯状回の神経活動が男性より高かったという。つまりこの結果は男性が一般に女性よりも「攻撃的」であり、女性は男性よりも「神経質」であることを裏付けていると思われる。

　これまでにも脳の構造自体にも性差が存在することが脳標本を用いた研究により見いだされていたが（以下のⅢ－2を参照）、これらの構造差異もMRI画像を通じて明確に確認できるようになった。例えば、左右の大脳辺縁系を結ぶ神経線維の通路である脳梁の「膨大部」や「前交連」（図Ⅲ－1－1）は女性の方が男性より大きいことが分かっている。従って、このような形態的性差に起因して、女性は左右の脳の間で感情の情報交換が頻繁に行われるために、きめ細かな感情表現が可能になると思われる。しかし場合によっては情報量が多すぎて、情緒不安定に陥る可能性も充分に考えられる。

Ⅲ-2　男性ホルモンが周生期の脳に与える影響

　男女では明らかに生殖機能に差が認められ、これは視床下部を中心に本能的な性欲に関係する性中枢があって、その神経機能の差異に基づいていると考えられている。Ⅱ－1でも述べたように、性中枢の神経機能には、初めから性差があるのではなく、周生期（胎児期の末期から新生期の初期）の限られた時期に精巣から分泌されるアンドロゲンの働きによって、脳の性分化が起こる。例えばラットの脳は、雄雌どちらも雌型の性機能を発現するようにプログラムされており、周生期に雄は精巣から分泌されるアンドロゲンの作用により脳機能に変化が生じて、雄の性行動をとるようになり、雌の場合はアンドロゲンの影響を受けないので、そのまま雌の性行動をとるようになる。

ところがこの周生期の環境に何らかの問題が生じて性ホルモンの分泌に異常が起こると、性分化が正常に行われなくなり、さらなる問題をも引き起こされる可能性が指摘されている。ある動物実験結果では、出生直後の雄のラットの精巣を摘出すると脳は雌型になり、一方、出生直後の雌のラットにアンドロゲンを投与すると脳は雄型になると報告されている。

また1976年にロックフェラー大学のノッテボームとアーノルドは、カナリアの脳に雄雌差があることを発見し、その差は遺伝的に決められたものではなく、孵化直後の性ホルモン環境により決定されることを報告した。脳内でさえずり行動に関わる「さえずり中枢」の神経細胞群の大きさは、雄の方が雌より著しく大きく、このことは雄のみが繁殖期にさえずることに関わっていると考えられている。しかし、孵化直後の雌の雛にアンドロゲンを注射すると、さえずり中枢の神経細胞群が雄とほぼ同じ大きさになったと報告している。この実験結果により、脳の性中枢において神経細胞群の大きさやそのパターン等には性差があり、この差の出現は、出生前後の未発達で可塑性に富んだ脳組織にアンドロゲンが作用することによって引き起こされることが示唆されたのである。

1982年にコロンビア大学のド・ラコスト－ウタムサンとホロウェイは、人間の脳の場合にも形態的な性差が存在することを確認し、センセーショナルな話題を呼び起こした。後にMRI画像によっても明らかにされるように、女性の脳梁膨大部は男性より円形をしていて視覚情報、言語情報、聴覚情報の処理の仕方に男女差があるとされた。

また1985年にはオランダ国立脳研究所のスワブらによって、生殖機能に関連する性中枢においても男女差があることが見いだされた。すなわち、性腺刺激ホルモン分泌や性行動の発現に関わりがある脳の前視床下部の神経細胞群の体積は、男性の場合は女性よるも2.5倍大きく、神経細胞数は2.2倍大きいと報告された。

さらに1989年にカリフォルニア大学のアレンは、スワブらの報告を検討しながら男女の脳標本を詳細に調べ、前視床下部に4つの神経細胞群（前視床下部

間質核）があることを発見し、その4つの細胞群をINAH－1からINAH－4と命名した。さらにその細胞群には性差が存在し、男性のINAH－2およびINAH－3の体積は、それぞれ女性のものと比較して、2倍と2.8倍であったと報告している。

　人間の場合、男の胎児は妊娠8週頃から精巣にアンドロゲンが分泌され始め、妊娠16週頃まで多量のアンドロゲンに曝露される（第Ⅱ章の図Ⅱ－1－2を参照）。しかし、女の胎児の場合はアンドロゲンがほとんど分泌されず、このような男女の違いが、性行動や言語・感情を調節する脳機能の性差を決定づけていると考えられている。

　アンドロゲンが脳に与える影響を検討した研究では、アカゲザルにアンドロゲンを注射することにより「遊び」の変化を調べたウィスコンシン大学のゴイらの報告がある。すなわち、妊娠中のアカゲザルにアンドロゲンを注射し、生まれてきたサルの遊び方の変化を調べたところ、雌の子ザルは雄型の遊びを示すようになるが、雌の子ザルは生まれてきてからアンドロゲンを注射しても遊びのパターンに変化が起こらなかったという。従って、妊娠中に母親に注射されたアンドロゲンが胎児の脳に作用し、生まれてきた雌の子ザルの遊びの行動に変化を起こさせたと考えられた。また、アンドロゲンが作用する時期は、「胎児期」であることも示唆された。

　ヒトの場合には、当然アカゲザルのような実験を試みることができないことは言うまでもない。しかしヒトの脳の性分化に関しても、胎児期の性ホルモン環境に異常が起きる病気の子どもたちを対象にしたいくつかの研究報告において、胎児期のアンドロゲンが深く関わっていることが実証されている。

　Ⅱ－1でも紹介したように、「先天性副腎過形成症」とは、副腎皮質におけるステロイドホルモンを合成する能力が不足し、副腎皮質ホルモンを作ることができず、その代わりに副腎性の大量のアンドロゲンを過剰に生成してしまう病気であり、これが女児に発症した場合には、胎児期に過剰のアンドロゲンが脳に作用してしまうことになる。一方、「プレダー病」とは、副腎皮質ホルモンも

性ホルモンも分泌できない病気であり、これが男児に発症した場合、胎児期にアンドロゲンを浴びることがないので、遺伝的に男性であっても生殖器が女性化してしまう。さらにこのような胎児期の性ホルモン環境の異常は、脳の性分化にも影響を及ぼすものと考えられ、それを実証する具体的研究報告を以下に紹介する。

金沢大学医学部の佐藤らの報告によれば、先天性副腎過形成症の女児は、幼児期・学童期に男児型の遊びのパターンを示し、反対にプレダー病の男児は、女児型を示したという。しかし、先天性副腎過形成症が原因で幼児期に男児型の遊びを示した女児であっても、その一部は学童期になれば女児型の遊びに変化したことも報告されている。従って、子どもの遊びの性差は、胎児期におけるアンドロゲン分泌が影響していると考えられるが、学童期になると遊びのパターンに移動が見られたことから、ヒトにおける遊びのパターンの性分化は絶対的なものとは言えないようである。

カリフォルニア大学のメリッサ・ハインズ博士も同様な結果を報告しており、先天性副腎過形成症の女児は、健常な男児とほぼ同じような遊びに費やす時間が長く、健常な女児のような遊びに費やす時間ははるかに短いことが確認されている。

武蔵野女子大学の皆本らの報告によれば、先天性副腎過形成症の女児は、健常な女児が描く花や可愛い少女などの絵のパターンとは異なり、健常の男児のように自動車やロボットなどの絵を描く場合が多いことが見いだされている。

以上のような研究結果から、子供の遊びのパターンの「行動様式」の性差や、絵を描くという性分化が明確になる「脳内過程の形成」においても、出生後の社会的・文化的要因ばかりではなく、胎児期におけるホルモン環境により予め決定されている傾向が強いことが示唆される。その他に外国の研究においても、副腎過形成症の女児は普通の女児に比較して、空間認知能力に優れ、男児向けの玩具を好むようになると報告されている。

III-3 性的志向を変える性ホルモン

III-2の中で述べたヒトにおける副腎過形成症の研究からも、脳の性分化には胎児期のアンドロゲンが深く関わっていることは明らかなようである。一方、副腎過形成症の女性を対象に、「性的志向（セクシャルオリエンテーション）」の変化に及ぼすアンドロゲンの影響を調査した報告もいくつか見られる。これらの調査結果をまとめてみると、副腎過形成症の女性の性的志向は、多くの場合異性愛であるが、性的空想や性的関係は両性愛あるいは同性愛的傾向が見受けられるようである。

II-2で紹介したように、DESと呼ばれる合成エストロゲンが流産防止剤等に多用された結果、胎児期におけるDESの曝露が生殖器に高い確率で異常を発生させることが発覚した（さらなる詳細はV-1 (4) 天然および合成エストロゲンを参照）。DESは生殖器のみならず、脳にも影響を与えていると考えられるため「脳に対するDSEの影響」を調査した多くの報告も見られる。例えば、1995年のコロンビア大学のアイマー・バーブルグらの「キンゼイの段階評価（完全な異性愛を0、完全な同性愛を6として7段階で評価する）」を用いた研究によれば、胎児期にDESに曝露された女性の性的空想、性的反応、性的関係は両性愛あるいは同性愛的傾向が高く、性的志向が男性化することが見いだされている。

II-1において、男性は比較的攻撃的であることが、脳の神経活動部位から判断できると述べたが、この「男性の攻撃的な性質への胎児期のアンドロゲンの関与」を示唆する動物実験を紹介したい。雄のマウスは非常に攻撃的な性質を持つことが知られている。そこで、成熟したマウスの精巣（男性ホルモンを出す部位）を摘出してしまうと、攻撃性を示さなくなるが、アンドロゲンを投与すると再び攻撃性を回復するという。一方、雌のマウスの方はおとなしく攻撃性を示さないが、成熟した雌のマウスにアンドロゲンを投与しても攻撃性を

示さなかった。つまり攻撃行動に関して、脳のアンドロゲンに対する反応性は雄雌で異なるものと示唆される。

ところがマウスのこの攻撃行動も、周生期の性ホルモンの環境によって変化することが、1968年にカリフォルニア大学のエドワーズにより報告された。つまり、雌のマウスに生後5日以内にアンドロゲンを投与すると、成熟してからもアンドロゲンに反応して雄のマウスと同様に攻撃的になったという。一方、雄のマウスの精巣を出生当日に摘出してしまうと、成熟してからアンドロゲンを投与しても攻撃行動を示さなくなるのである。以上の結果から、雄雌の攻撃行動の差は遺伝的に決定しているのではなく、周生期にアンドロゲンが脳に作用することにより、攻撃的な脳がつくられ、反対にこの時期にアンドロゲンが働かなければ攻撃的ではなくなることが推察された。

次に上記のことに関連して、雄のマウスの攻撃的行動には「個体差」があり、その発現にも胎児期のホルモン環境が影響しているという1983年に発表されたミズーリー・コロンビア大学のヴォン・サールらの実験を紹介しようと思う。マウスの子宮は2つに枝分かれしていて、片側に5〜10匹くらいの子どもが育つ構造になっている（図Ⅲ-4-1）。同一の親から生まれた子どもであっても、成長後の性質を比較すると、性行動が激しい雄もいれば、雌に全く関心を寄せない雄もいたり、また雌であるにもかかわらず、攻撃的な性質のものもいれば、非常に雌的な雌もいるというように、性質が多種多様である。このような様々な性格・行動の程度の違いにも、胎児期のホルモン環境が影響していることが判明したというのが、この報告である。例えば、雌の間に挟まれた雌は極めておとなしい雌になり、雌の間に挟まれた雄はホモ的な雄になるが、雄の間に挟まれた雄は最も攻撃的な雄になるという。

このような結果から、胎児期の微妙な性ホルモンの体内濃度は、隣から届くホルモンの影響を少しずつ受けているということになる。つまり、微妙なホルモン量であっても、将来の性格や行動まで支配するような大きな変化としてその影響が現れてくる可能性が考えられ、この点は、環境ホルモンが特に胎児期

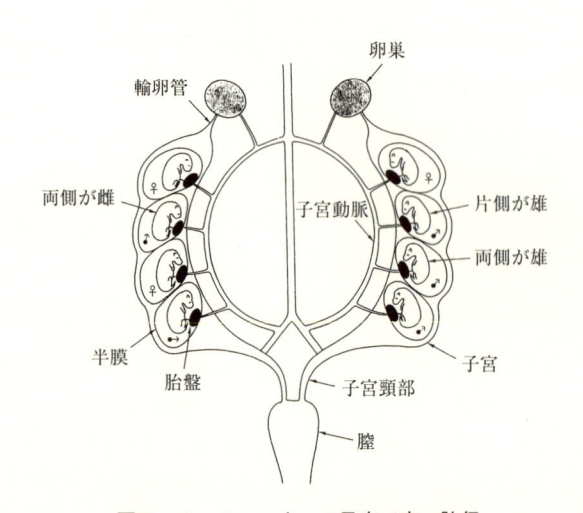

図Ⅲ－4－1　マウスの子宮で育つ胎仔
出所：高杉進ら『環境ホルモン――人類の未来は守られるか――』丸善（1998）

に曝露された場合の影響を考えてゆく上で、示唆的な研究に値すると思われる。

Ⅲ-4　同性愛者の生物学的背景

　Ⅲ-3で紹介したように、先天性副腎過形成症の女性の性的志向を調査した結果によると、両性的あるいは同性愛的な傾向が高くなると報告されている。そこで今度は男性の性的志向に関しても、胎児期の性ホルモンが関与していることを示唆する研究を紹介しようと思う。
　1991年にソーク研究所のルベイは、男性の同性愛者の脳の構造は異性愛者とは異なり、同性愛を引き起こす要因には生物学的背景があるという興味深い研究成果を発表している。従来、同性愛は社会的環境や家庭環境といった外的因子が人格形成に影響した結果から導かれる心理的現象と解釈され、フロイトをはじめとする多くの精神分析者によりそのことが指摘されてきた。しかしルベ

イの報告は、同性愛を生物学的基盤から解明しようとするものであり、多くの専門分野から注目を集め、全世界に報道された。実はルベイ自身が同性愛者であり、彼は最愛の同棲者をエイズで失い、失意の時期を過ごしてから、「同性愛は異性愛と同様に人間の本性である」という信念を持って、この現象を科学的に解明する試みを開始したという。このような論文発表までのいきさつは、彼の研究に対する人間としての直向きな思いを垣間見ることができ、さらなる興味をそそられる。

　ヒトの脳にも形態的差異が存在し、Ⅲ-2で紹介したようにカリフォルニア大学のアレンらは、神経核（INAH-2、INAH-3）は男性の方が大きいことをすでに報告していた。そこで、ルベイはこの知見に基づき、「同性愛の男性のINAH-2、INAH-3の大きさは異性愛の男性よりも小さい」ならびに「同性愛の女性のINAH-2、INAH-3の大きさは、異性愛の女性よりも大きい」という仮説を立てた。ルベイは、同性愛の男性、異性愛の男性および異性愛の女性の脳標本（同性愛の女性の脳標本は入手できなかった）を調査し、INAH-3の大きさは、同性愛の男性では異性愛の男性の半分の大きさであり、異性愛の女性とはほぼ同じ値を示すという結論に達した。

　従って、異性愛と同性愛の男性では、生殖機能に関与すると考えられる神経細胞群の大きさが異なるとし、同性愛を引き起こす要因には生物学的背景が存在することを示唆したのである。

　ルベイの報告に見られる「男性の同性愛者では、脳の神経核のINAH-3が大きい」という傾向を引き起こす原因として、周生期に充分な量のアンドロゲンが精巣から分泌されなかったために、正常な脳の性分化が行われなかった可能性が考えられる。そこでルベイの研究より以前に（1980年）、「ストレスによる雄ラットの性行動の雌化現象」に注目して男性の同性愛を説明しようと試みた、フンボルト大学のダナーの報告が参考になる。

　ダナーは旧東ドイツの6地区で、1932年から1953年に生まれた86名の男性の同性愛者に面接調査を行った結果、1941年から47年（特に1944年から45年）

に生まれた男性は同性愛になる確立が高いことを見いだしている。この時期はちょうど第二次世界大戦中またはその直後に当たり、この間に妊娠していた女性は戦火や夫との死別・別居といった厳しいストレス下に置かれていたと考えられる。そこでダナーは、「妊婦が受けるストレスによって、胎児の精巣から分泌されるアンドロゲンの量が減少し、胎児期に脳の性分化が正常に行われなかった結果、同性愛の男性の脳は女性化しているのではないか」という仮説を発表した。

　生物学的背景から「同性愛者の脳の構造が異性愛者とは異なる」と主張したルベイの報告は、このダナーの仮説を支持するものと思われる。そしてこのような差異の生じる原因も、周生期におけるホルモンが影響している可能性が示唆される。

　次に、「同性愛の男性の脳は、ホルモン刺激に対する反応性に関しても女性化している」ということを立証する研究例を紹介しようと思う。同性愛の男性には普通の男性には見られない特徴として、女性ホルモンであるエストロゲンに脳が反応することが報告されている。「排卵」は女性の月経周期の重要な特徴であるが、このメカニズムは、まず脳下垂体から「卵胞刺激ホルモン」が分泌されることにより卵巣中の卵胞が刺激され、卵胞は拡張してエストロゲンの分泌が増加してゆく。それから２週間後に大量に分泌されたエストロゲンは脳の性中枢を刺激することを介して、脳下垂体から「黄体形成ホルモン（LH）」が大量に分泌され、これにより排卵が起こる。

　1984年に、ニューヨーク州立大学のグラディユーらは、この排卵のメカニズムを応用し、プレマリンという水溶性のエストロゲンを静脈から注射して脳を刺激し、LHを分泌させるという実験を通常の男女および同性愛の男性を対象に試みた。その結果、通常の男性はエストロゲンに対して全く反応しないのに対し、同性愛の男性は、女性に比べるとLHの上昇は小さいものの、エストロゲンに対して顕著に反応することが分かった。このことより、同性愛の男性はエストロゲンに対する反応能力を有していたため、女性と同じような脳の機能を持

つ可能性が示唆されたのである。

　そしてMRI等の高性能機器の出現により、同性愛の男性の脳の構造は女性のものと類似した構造を持つことが画像を通じても明確になってきた。同性愛者であるルベイ自身もMRIの観察から、脳梁膨大部が女性のように円形化している（Ⅲ-1の図Ⅲ-1-1を参照）ことを告白しているらしい。また順天堂大学の久留教授の報告によれば、日本人の同性愛者の場合も、膨大部が女性のように円形化していたという。一方、左右の脳を結ぶ「前交連」（Ⅲ-1の図Ⅲ-1-1を参照）も女性の脳の方が男性よりも大きいことが確認されているが、同性愛の男性の前交連をMRIにより調査してみると、通常の男性より34％も大きく、さらに女性に比べても18％も大きいことが観察されている。いずれにせよ、同性愛の男性の脳は女性の脳に類似した構造や性質を持つことが種々の研究調査により明確になっている。

　以上述べてきたように、ヒトの遊び方、性的志向、攻撃行動などは胎児期の性ホルモンの影響が大きいことが示唆される。しかしながら、それのみに依存している訳ではなく、成長過程における周囲の生活環境の影響等、様々な要因に左右されてくるものと思われる。例えば、副腎過形成症の女児の場合、米国における親の教育としては、活発な女児の状況を「個性」として肯定的に容認するようのであるが、日本の場合は、躾等により「女の子らしく」教育されるため、男児様の素質が徐々に修正されてゆくようである。

Ⅲ-5　環境ホルモンが脳に与える影響

　第Ⅲ章を通じて述べてきたように、胎児期あるいは新生期の性ホルモンが生殖器や脳の発達に深く関わっていることは明らかであるため、性ホルモンに対して非常に敏感であるこの時期に、もし環境ホルモンに曝露されるとなると、何らかの異常を引き起こす可能性は十分にあると考えられる。1992年のウィス

コンシン大学のマブリーらの報告によれば、胎児期から新生児期にかけてダイオキシン（2,3,7,8 - TCDD）に暴露された雄ラットは、成熟してから雌型の性行動をするようになると述べている。この理由としては、ダイオキシンに暴露されている時期のラットの血中アンドロゲン濃度は低下していたため、ダイオキシンは脳の性分化に影響を与え、雄ラットの脳を雌型に変化させることが示唆された。

ヒトにおいても事故等により、不幸にも環境ホルモン汚染が起こってしまった事例の中に、行動や神経障害が認められるものもある。例えば、PCB汚染度の高い五大湖に棲息する魚を週1回以上食べる子どもの知能低下や神経行動異常が報告されている。また台湾においては、1979年に食用油がPCBやダイオキシンに汚染されており、それを摂取した女性から生まれた128人の子どもを対象にしたある調査結果では、運動能力、知的能力、神経系などに障害があることが判明している。

最近、極めて微量の化学物質に接触するだけで、不定愁訴や神経症状を訴える「化学物質過敏症（Chemical Sensitivity：CS）」の人が増えているという。米国のバッファロー大学の小児科医のドリース・ラップ博士は、電車などで動き回ったり、じっと座っていられないというような落ち着きのない行動をする「多動症」の子どもと化学物質過敏症との関連性を報告している。このように微量化学物質に対して異常なほど敏感な反応を示すようになる化学物質過敏症は、環境病の典型であると捉えることができる。そして体内環境を正常に保つためには、神経・免疫・ホルモンのそれぞれの作用が連動しており、環境中の化学物質はそのいずれにも悪影響を与え始めているということになる。自律神経失調症、神経症、鬱状態、更年期障害などの診断を下されている患者の中には、化学物質過敏症の患者が間違いなく混在していると言われる。

現代社会は極めて沢山の種類の化学物質が蔓延している状態にあり、化学物質過敏症の発症は、それらの総量が体に受け付けることのできる許容量を超えていることによると考えられるが、その原因を特定することは難しく、それら

の複合汚染の可能性も考慮しなくてはならないと言われている。

　2002年に発表されたIPCSの報告書（Ⅰ-4を参照）においても、神経行動発達異常と化学物質の関連性が疑われている。しかし現段階では、近年に見られる子どもたちの行動異常を引き起こす原因が、環境ホルモンによるものだと断定できる証拠はない。環境ホルモンによるヒトの行動や精神面への影響が懸念されるものの、脳の仕組みは極めて複雑で、その因果関係の解明は脳科学のさらなる進展を待たねばならない。

　当面は上述したような研究成果を踏まえ、特に妊婦中の母親は環境ホルモンの恐怖に常に曝されていることを考慮し、それを回避するための心掛けを充分に認知することが何よりも大切であると思われる。近年、ダイオキシン類により母乳汚染も問題になっており（詳しくはⅥ-2を参照）、ごく微量であっても、周生期に環境ホルモンに曝露されることにより、生涯にわたって莫大な影響を及ぼすことに繋がる可能性が無視できないのであれば、個々人の心掛けとともにそのような汚染環境を早急に改善する策を見いださなくてはならない。

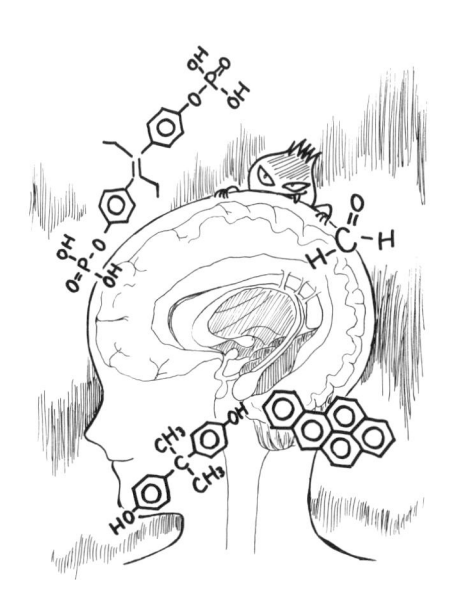

また我が国では1999年6月より低用量経口避妊薬（ピル）が認可されたことゃあり、胎児のホルモン環境を左右する母親の自己管理責任が一層問われてくるのではないかと思われる。今後、子どもたちの行動異常と環境ホルモンとの関連性について、徐々に解明されてゆくものと思われるが、子どもの性格形成には家庭内や社会の様々な外的環境の影響も複雑に絡んでいるために、研究結果から導かれる因果関係の立証やその公表にはその影響力の強さを考えて、慎重さと充分な配慮が必要になることは言うまでもない。

第IV章
環境ホルモンの体内残留と毒性発現

　環境ホルモン汚染は地球規模で広がり、VI-3において述べるように、途上国においても拡大しつつある現状にある。環境ホルモン様物質は他の化学物質と同様にその生産と使用の場は陸上にあり、当然ながらそこから環境へ流出してゆくことになる。しかし流出した環境ホルモンは、使用の場である陸上環境に留まるのではなく、大気や水を媒体として海洋に運ばれ、最終的には南極や北極などの冷たい海域に到達する。つまり、本来化学物質とは無縁であるはずの高緯度海域であるが、非意図的に環境ホルモン様物質の集積地としての役割を強いられることになる。また野生生物の中には、ヒトと異なる体内動態を持つものがあり、体内に異常な高濃度で環境ホルモンを蓄積している場合が次々に発覚している。

　そこで本章では、まず海洋哺乳動物に見られる環境ホルモンの異様な高濃度汚染の動向について紹介し、その原因についても、関連研究から推察される考察をまとめてみようと思う。次にヒトにおける環境ホルモンの体内代謝のメカニズムおよびそこから生じるホルモン作用の変動についてダイオキシン類を中心に解説し、その関連から、食品因子によるダイオキシン類の毒性抑制作用についても触れようと思う。

Ⅳ-1 海棲哺乳動物における環境ホルモンの異様な高濃度汚染

　1991年のイギリスの生態学者シモンズによる報告によれば、記録として残されている海棲哺乳動物の大量死事件は、20世紀になって11件発生しており、そのうち9件までが1970年代後半以降に集中していたという。つまり、この海棲哺乳類の大量死事件のほとんどが、先進工業国の沿岸地域で発生しており、まさに事件が集中した時期は化学物質による汚染が深刻化してきた時期と一致しているというのである。

　また、『奪われし未来』の著作であるシーア・コルボーンは、1996年に海棲哺乳動物の異常（個体数の減少、内分泌系の疾病、免疫機能の失調や腫瘍など）に関する総説を発表している。この中で1968年以降に65例にものぼる異常に関する報告があることが示され、その原因として生物蓄積性の高いPCB、DDT、ダイオキシン類などの有機塩素系化合物との関連性が示唆されている。有機塩素系化合物に慢性的に曝露されると免疫機能が低下するという現象は、動物実験や生体調査よりすでに明らかにされていた。従ってこの総説では、環境中から体内に侵入した有機塩素系化合物が、内分泌系、免疫系、神経系に関連する生理機能を攪乱する結果、海棲哺乳動物において疾病の発現をきたし、場合によっては死に至ることもあると考察されている。

　しかし疑問として残る点は、先進諸国においてほとんどの有機塩素系化合物の生産・使用が禁止されてから30年近くも経過しているにもかかわらず、現在も汚染は拡大し続ける状況にあるということである。この要因として、①PCBをはじめとする有機塩素系化合物は難分解性物質であり、使用を中止しても長期間にわたり環境中に残留していること、②PCBを使用した中古の機器製品が途上国に流出していること、③また先進国で禁止されている農薬類が途上国では現在でもなお使用され続けていること、④環境中の有機塩素系化合物は、生体内に濃縮・蓄積されて、さらに食物連鎖を通じて汚染の拡大に拍車が掛けら

れていることなどが考えられる。

　さらなる問題点は、化学物質を生んだ現代文明とはおよそ無縁に思えるような北極圏の北極グマやアザラシ等の体内においても、有機塩素系化合物が高濃度に検出されているという事実である。この理由としては、有機塩素系化合物は揮発・移動・拡散性を持つため、これらの化合物が汚染源である高温域の途上国（途上国の環境ホルモン汚染問題についてはⅥ-3を参照）では気化して大気中に流れ込むものの、やがて大気は北極圏にたどり着いて海面へと降下し、海水中の微生物に吸着したり、海底の土壌に沈着して残留し続けると考えられている。すなわち、北極圏は奇しくも有機塩素系化合物の地球全体の最終集積地的な役割を強いられていることになる。

　一方、これまで発表された研究報告から代表的な高等動物におけるダイオキシン類汚染のデーターを比較すると、食物連鎖の頂点に立つヒトに比べて野生生物の方がはるかに汚染度は著しく、特に水鳥や海棲哺乳動物の汚染濃度が極めて高いことが判明している。我が国の環境庁が実施した「野生生物のダイオキシン類蓄積状況調査結果」においても同様な傾向が認められ、こうした海棲

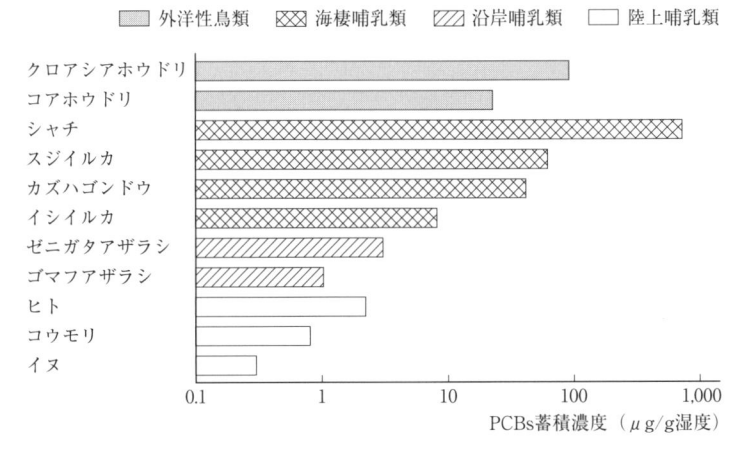

図Ⅳ-1-1　日本の陸域および周辺海域に棲息する高等動物のPCBの蓄積濃度
出所：松井三郎ら『環境ホルモン最前線』有斐閣選書（2002）

哺乳類等における異常な体内蓄積は、ダイオキシン類だけでなく、他の有機塩素化合物においても見られる現象であることが分かった（図Ⅳ-1-1）。

一般に、化学物質の濃度は、陸上の汚染源から遠ざかるに連れて低減するのが常であるはずなのに、本来清浄な外洋に生息するイルカや鯨の方が、陸上や沿岸に棲む高等動物よりもはるかに高い濃度の有機塩素化合物で汚染されていることは、極めて不可解な現象である。そこで海棲哺乳動物を対象にした様々な研究が集中的に行われた結果、以下のような3つの要因が次第に明らかにされてきた。

1) 海棲哺乳動物は、「脂皮（ブラバー）」という厚い脂肪組織を持ち、有害物質の貯蔵庫となっている。例えばイルカの場合、体重の20～30％が脂皮に相当し、有機塩素化合物の体内蓄積量の約95％がここに蓄積していると言われる。このように脂肪組織に蓄積された有機塩素化合物は、長期にわたり体内に残留し、さらに餌からも有害物質が徐々に加算されることにより、寿命の長い海棲哺乳類の脂皮には高濃度の汚染物質が蓄積してゆくことになる。

2) 海棲哺乳動物の体内に蓄積された有機塩素化合物が、授乳を通して母子間移行することに起因する。スジイルカの場合、母親の体内に残留したPCBのおよそ60％が授乳により子に移行し、イカルアザラシの場合は、PCBおよびDDTの20％が授乳により母親の体外に排泄されると言われる。従って、このような有機塩素化合物の母子間移行は、世代を越えて引き継がれて高濃度汚染を引き起こすだけでなく、これらの蓄積物質はなかなか低減しないため、長期汚染の原因にもなっている。なお、雄は授乳を行わないため、海棲哺乳動物における有機塩素系化合物の体内蓄積濃度は、明らかな雌雄差が見られるという。

3) 海棲哺乳動物、特にイルカや鯨の仲間は、肝臓にて合成される薬物代謝酵素系チトクロームp-450が発達していないため、有害物質をほとんど分解できないことも関係している（薬物代謝酵素系の詳細は次のⅣ-2を参照）。チトクロームp-450酵素群は、海から陸上に上がった動物が、植物などの天然の毒物から身を守るために長い進化の過程で獲得してきたものであると考え

られている。このチトクロームp-450酵素群には大別してフェノバルビタール（PB）型とメチルコラントレン（MC）型という2つのタイプがあり、イルカの場合、PB型は遺伝的に欠落しており、MC型も働きが極めて弱いと言われる。

以上3つの要因の中で特に注目すべきものは、3）の薬物代謝酵素群の欠落であると考えられている。すなわち、陸上の高等動物において主要な有害物質排泄ルートが、海棲哺乳動物の場合は未発達であるために、生涯にわたって有害物質を体内に蓄積してゆくことになり、このような異常な高濃度汚染を引き起こしている可能性が高いと思われる。

IV-2　環境ホルモンの体内代謝とホルモン様作用の変動

　我々の体内には、基本的に外来物質を排除する防御システムが備わっている。まず、血液中をはじめ体内では抗体、リンパ球、貪食細胞などの免疫防御網があり、体内に侵入したウィルスや病原体はこの免疫システムによって排除される。もし、これらの免疫系が侵入物質を異物として認識できない場合は、化学物質は門脈を通って肝臓に達したときに異物と見なされる。そして、肝臓における異物代謝酵素の働きにより、侵入物質の化学構造に変化がもたらされる結果、その多くが不活性化・無毒化に向かう。

　しかし、I-3における環境ホルモンの生化学的特徴の6）で述べたように、ごくまれではあるが、代謝反応を受ける結果、かえってホルモン作用が増強したり、異なった作用を発生する化学物質が存在することが動物実験等により確認されている。また、それ自身は内分泌撹乱作用を持たなくとも、代謝過程で生成された中間体が新たにホルモン様作用を獲得して内分泌撹乱物質に転じてしまうという前駆物質として働くものも存在することが明らかにされている。

従って、体内に侵入してきた異物に作用し、その生理活性に変化を与える役割の中心を担う肝臓の異物代謝の仕組みをまず理解し、その上で個々の環境ホルモン様物質における体内動態を知る必要がある。

そこでこのⅥ-2では、肝臓における異物代謝に関わる酵素群の役割を中心にそのメカニズムを解説し、その代謝から毒性が発現する例としてダイオキシン類の体内動態を詳しく説明しようと思う。一方、個々の環境ホルモン様物質の各々の体内動態に関する詳細は、第Ⅴ章の方で具体的に説明することにする。

肝臓は異物代謝を行う主要な臓器であり、毒性物質や薬物を代謝して膜透過性の低い物質に変化させる作用を持ち、これを「薬物代謝」という。肝臓における薬物代謝には、性質の異なる複数の酵素群が関与しているが、主として次の2段階に類別することができる。

1) 第1段階（第Ⅰ相）の代謝反応

チトクロームp-450酵素群が、生体異物に直接作用して、酸化、還元、加水分解などを行うことにより化学物質が極性化されて水溶化してゆく段階である。チトクロームp-450酵素群は、100万種以上の脂溶性化合物に対して酵素活性を示すといわれる。第1段階の代謝によって水溶化された代謝物は尿中に排泄されるが、この第1段階の代謝反応だけでは毒性物質が完全に水溶化されない場合が多い。

2) 第2段階（第Ⅱ相）の代謝反応

第1段階の代謝反応によって、水酸基（-OH）、カルボキシル基（-COOH）、アミノ基（-NH$_2$）などの水に馴染みやすい基が導入された代謝物や、異物そのものにグルクロン酸転化酵素などが作用し、抱合化を受ける結果、さらに水溶性が高まり、膜透過性を失うことになる。これらの酵素は、代謝物を内在性物質のグルクロン酸、硫酸、グルタチオン、酢酸などと結合されることができるためである。つまり、第2段階の代謝反応は抱合酵素（転移酵素）による抱合反応であり、その抱合には硫酸縫合、グルクロン酸抱

合、グルタチオン縫合、アミノ酸抱合、アセチル化などがある。

以上のように、肝細胞に到達した脂溶性化合物は、酵素による第1段階と第2段階の反応を受けることにより、水溶性が極めて高まり、腎臓から尿中に排泄されることになる。しかし残念ながら、肝臓の酵素群はいかなる脂溶性化学物質であっても水溶化できるのではなく、むしろ第1段階や第2段階の代謝を受けることにより、活性が高まったり、初めて毒性を発現する物質も存在するのである。

図Ⅳ-2-1に示したように、ベンゼンが肺から侵入すると、多くは肝臓にて異物代謝酵素の作用を受けて水溶化し、尿中に排泄される。しかし、一部は血管を通じて骨髄に移行し、さらなる代謝を受けることにより、その代謝物が赤血球に染色体異常を引き起こすと言われている。また農薬等に利用されていたp,p-DDTは、それ自体にエストロゲン作用は認められないものの、チトクロームp-450酵素群による代謝変換により生成されたDDDやDDEが活性作用を持つようになると言われている（詳細はⅤ-1の有機塩素系農薬の項目を参照）。このような異物代謝に関わる酵素群は、動物種によって性質を異にし、同一種

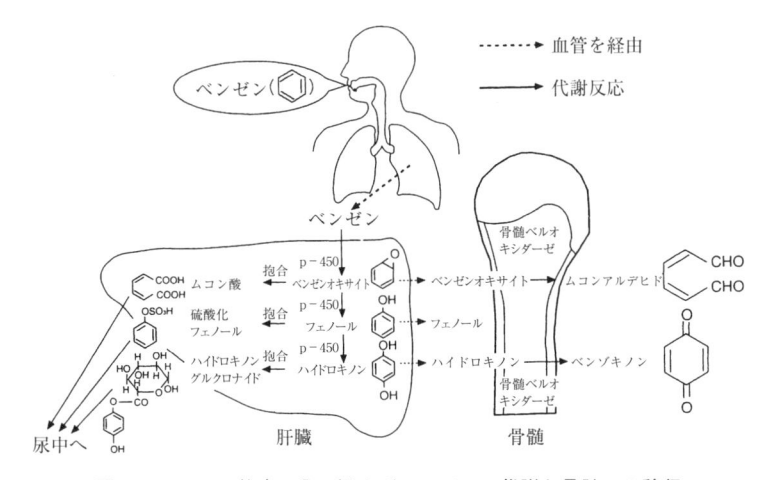

図Ⅳ-2-1　体内に入り込んだベンゼンの代謝と骨髄への移行
出所：筏義人『環境ホルモン──きちんと理解したい人のために──』講談社（1998）

においても個体差が存在するために、このことが化学物質の毒性発現機構の解明をより困難にしていると考えられる。

　肝臓での代謝を受け、水溶化された異物は、分子量が約500以上ならば、胆汁中に入り、糞便とともに体外に排泄される。一方、分子量が500より小さいか、あるいは化学反応を免れた脂溶性化学物質は、腎臓の糸球体で濾過されるか、尿細管で再吸収されて血液に戻り、最終的に脂肪組織に沈着してゆくことになる。

　これらの物質が脂肪組織において酸化酵素や加水分解の作用を受けて分解されてゆけば、その分解物も体外に排泄されることができる。しかし、環境ホルモンのように水溶化反応も分解反応も受けにくい安定な化学物質は、徐々に脂肪組織に蓄積されていき、その貯蔵許容量を超えてしまうと、化学物質は血液中に放出され、母乳中に侵入したり、内分泌を攪乱することになる。

　体内に取り込まれた化学物質が、肝臓の酵素群による代謝反応を受けることにより、有害な作用を及ぼす物質に転じる現象は、その他にも種々の例が見受けられる。例えば、比較的安全な解熱鎮痛剤として汎用されるアセトアミノフェンも、過剰に用いられた場合には、肝臓で有害な代謝産物に変換されるため、重篤な肝障害をもたらすと言われる。

　アセトアミノフェンは、発熱を抑える目的で多くの市販の総合感冒薬に配合されており、通常は内服後消化管に到達し、主に小腸粘膜を通じて吸収され、血液中に移行する。血液中に移行したアセトアミノフェンは、まず肝臓における薬物代謝酵素群チトクロームp−450による代謝を受け、次にグルクロン酸抱合体に変換され、解熱鎮痛活性が失われた不活性代謝物へと変換されてゆく。この不活性代謝物は肝臓から全身をめぐる血液循環に入り、水溶性がさらに高まる結果、尿中へ容易に排泄されてゆく。そして、肝臓の薬物代謝酵素群おける最初の不活性化を免れたアセトアミノフェンが、血液を介して作用部位である発熱中枢に到達し、本来の解熱効果を発揮することになる。こうして最初の不活性化を免れて解熱の役割を果たした後のアセトアミノフェンも、血液循環にのって何度か肝臓を通過するうちに、大部分が不活性代謝物に変換される結

果、いずれは体外に排出されることになる。

　公害病として知られる「水俣病」は、1956年に九州の熊本県水俣市とその周辺において、類のない原因不明の中枢神経疾患が多発し、その原因はアルキル水銀（有機水銀）であることが判明した。汚染源となった新窒素㈱（現チッソ㈱）水俣工場では、いわゆるアセチレン化学の一過程において、無機水銀触媒が水俣湾に漏出しており、海棲生態系の食物連鎖を経る過程でアルキル水銀に変化（無機水銀の有機化）してしまった。その結果、特に魚介類の臓器に蓄積し、これらを長期にわたって食した人々の中から、不幸にも発症した人が現れたのである。

　現在は誰もが水俣病の原因はアルキル水銀中毒によるものであると認知しているものの、この原因究明までの道程は前途多難であり、特に熊本大学医学部の研究チームは苦闘の連続であったと言われる。その間には、熊本大学のふがいなさがマスコミに非難されたり、関連産業界をはじめとする見解を異にする人々との間に激しい論争を巻き起こすなど、多くの迂路屈折があったという。1959年に「水俣病の原因はアルキル水銀にある」という一応の結論に達するものの、その後もこの仮説に対する関連産業界からの反論が巻き起こり、この論争はごく最近まで長期に展開されてくることとなった。

　タバコの煙に含まれるベンゾ（a）ピレンなどのように化学物質が原因でガンが生じる場合も、もともと発ガン性を持たない物質が異物代謝酵素により発ガン性物質へと変換し、細胞のDNAに結合して化学変化を引き起こすことが明らかにされている。このように損傷を受けたDNAは、自己修復機構により元の細胞の状態に修復され、ガン細胞へ転じることはほとんどない。しかし、正常細胞でもガン細胞でもないドーマントな状態の時に、プロモーターと呼ばれる化学物質が長期にわたり作用することで、ついにはガン細胞へと転じ、さらに細胞分裂を繰り返すことにより組織ガンへと進展してしまうと言われる。

　これまで環境ホルモンの多くがエストロゲンレセプターと結合して、性ホルモンの分泌を攪乱する結果、生殖機能、免疫機能、神経機能などに障害を引き

起こすことを述べてきたが、ダイオキシン類やPCB等の場合は、エストロゲンレセプターとは結合せず、細胞質に存在する炭化水素レセプター（AhR）と結合するため、発ガン性物質としても疑われている。

　ダイオキシン類が結合したAhRは核内に移行し、AhRヌクレアートランスロケイター（ARNT）と呼ばれる別のタンパク質と2量体を形成し、DNAの特異配列に結合後、遺伝子の転写を促進する。その結果、肝臓での薬物代謝系酵素群（チトクロームp-450や第2相反応に関わる酵素）が誘発されて、多くの中間体が生成されるが、その中にDNAに結合しやすい反応性の高い化学物質が生み出されてくる。また、ダイオキシン類が結合したAhRは、細胞内のタンパク質のリン酸化状態を変化させることで、様々な代謝系の情報伝達機構を攪乱すると言われる。

　このように遺伝子異常を発現し、ガン化を促進し、奇形を誘発する現象が生じるというようなダイオキシン類の多岐にわたる毒性発現の原因は、ダイオキシン類が結合することでAhRが活性化されるために引き起こされるのである。現在、ガン化のメカニズム自体に不明な点が残されているものの、これらの化学物質の体内動態の解明が重要な鍵を握っていると言えよう。

IV-3　食品因子によるダイオキシン類の毒性の抑制

　ヒトにおけるダイオキシン類の曝露経路は、大半が食品を経由したものであり、厚生省（現厚生労働省）の調査によれば、日本人は食事から98%のダイオキシンを摂取していると言われる。そこで、日常摂取している食品中にその毒性を抑制あるいは除去する成分が存在することが望ましいため、食品因子によるダイオキシン毒性の抑制に関する研究に注目が集まっている。

　福岡県環境保健研究所の森田らは、海草、コマツナ、ミツバ、ホウレンソウ、青ジソなどの野菜やクロロフィルなどのポリフィリン環状化合物などが、腸管

第Ⅳ章　環境ホルモンの体内残留と毒性発現　79

内でダイオキシン類に吸着し、その排泄を促していることを報告している。また神戸大学農学部の芦田らは、インビトロの試験において、食品中のフラボン、フラボノールはダイオキシン類が誘導する炭化水素レセプター（AhR）の活性化を抑制することを明らかにしている。さらに同研究グループは、緑茶中に含まれるカテキン類、フラボン、アントシアニン、ルテインなどの様々な成分が、AhRの活性化を抑制することを見いだしている。また野菜類においても、ダイオキシン類排泄作用に加え、AhRの活性を抑制する作用がある可能性が示唆されている。このような食品に含まれる低分子成分だけではなく、キノコに含まれる高分子多糖類が、マウスの肝臓のAhRの活性およびその下流の薬物代謝酵素チトクロームp-450の発現を抑制することも明らかにされている。

　ダイオキシン類は大半が経口で体内に入り、その曝露の予測が不可能であることから、こうした食品を日常的に積極的に取り入れる心掛けが必要になると思われる。

第Ⅴ章
環境ホルモンの種類とその特徴

　Ⅰ-4で述べたように、環境ホルモンとして疑われている物質としてリストアップされているものは（表Ⅰ-4-1を参照）、内分泌攪乱作用の有無、強弱、メカニズム等が明らかにされたものではなく、あくまでも優先して調査研究を進めてゆく対象物として選定されたものである。

　従って、環境ホルモンと一口に言ってもその作用形態によって (1) ごく微量でも毒性を示すことが明らかな物質と (2) 身近で用いられていて環境ホルモンの疑いが掛けられている物質の2種類に大別される。(1) には、ダイオキシン類、PCB、農薬などの有機塩素系化合物や天然および合成エストロゲンそして有機スズが該当し、これらが環境ホルモンとして作用することは確実である。(2) には、プラスチック関連物質と洗剤が該当するが、これらがヒトの内分泌系を攪乱するという明確な証拠を持つかどうか検討されている段階にある。

　本章では、(1) と (2) に大別しながら、それぞれの環境ホルモン様物質の化学構造上の特徴や生理学的特性等を解説し、併せて最新の研究動向を具体的に紹介してゆくことにする。また、それらの化学物質が出現してきた歴史的背景等にも簡単に触れようと思う。

V-1　ごく微量でも毒性が明らかな環境ホルモン

ごく微量でも毒性が明らかな環境ホルモンとして、1）多数個の塩素原子を含む脂溶性の有機塩素系化合物（ダイオキシン類、PCB、有機塩素系農薬）、2）天然および合成エストロゲン（植物エストロゲン、DES、エチニールエストラジオール）、3）有機スズ（トリブチルスズ）を取り上げる。

(1) ダイオキシン類

ダイオキシン類はポリ塩化ジベンゾ-p-ダイオキシン（PCDD）とポリ塩化ジベンゾフラン（PCDF）およびコプラナーPCBを合わせた総称である（図V-1-1）。理論的にはPCDD類では75種類、PCDFでは135種類の異性体が存在し、そのうち急性毒性が問題になるものは、平面構造を持った化合物であり、PCDDでは7種類、PCDFでは10種類存在する。コプラナーPCBはノンオルト型のPCB（詳細は次の（2）PCBを参照）を指し、PCBの中でも特に毒性が強いものであり、WHO・IPSCでは1998年よりこれらをダイオキシン類に加えられるようになった。これらのダイオキシン類の中で最も強い毒性を示すものが2,3,7,8-四塩化ダイオキシン（2,3,7,8-TCDD）であり、これまで人類が作り出した化合物の中で最強の猛毒であると言われている。

ダイオキシン類のヒトに対する毒性に関する歴史的惨事は、1973年に終結し

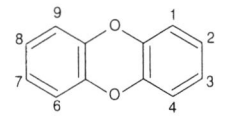

ポリジベンゾ-p-
ダイオキシン（PCDD）
＊1～9の位置に塩素が
合計1～8個つく

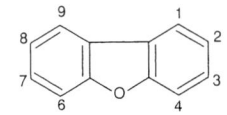

ポリ塩化ジベンゾフラン
（PCDF）
＊1～9の位置に塩素が
1～8個つく

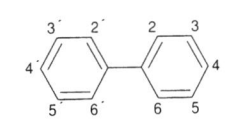

コプラナーPCB
＊PCBはオルト位（2位）に
塩素がなく、メタ位（3、5位）
とパラ位（4位）に塩素がつく

図V-1-1　ダイオキシン類の化学構造

たベトナム戦争における「枯れ葉剤作戦」によって人間に及ぼされた被害である。2,4 – Dと2,4,5 – Tという除草剤を混合して作られるオレンジ剤を米軍が空中散布した結果、それを浴びた人々が肝臓ガンなどのガンを多発したり、二重体児など先天異常児の出生が多く見られ、死産・流産も続出してしまった。この被害は、オレンジ剤製造過程で合成副生成物である2,3,7,8 – TCDDが数百ppm含まれていたことに起因することが判明した。

　農薬由来のダイオキシン類問題は我が国でも起こっており、過去に使用された農薬が田圃に蓄積しているため、そこから徐々に環境中に放出され続けているという。実際に、このような農薬由来のダイオキシン類は大量に残留しているので、他よりもこちらに目を向けて対策を講じるべきであると主張する有識者もいるほどである。

　1976年イタリアミラノの化学工場において、トリクロロフェノールの合成制御に失敗し、2,3,7,8 – TCDDに換算して数キログラムのダイオキシンが町中に降り注ぐ事故が起こった。この影響による健康被害は数千人にも及び、事故後には妊娠中の女性の多くが胎児への影響を危惧して人工中絶してしまったという。また、ダイオキシンの降り注いだ青草を食べた多数の動物が息絶えたことも報告されている。

　次のPCB（ポリ塩化ビフェニール）の項目において詳しく説明するが、1968年に日本で起こった「カネミ油症事件」では、長年の詳細な調査研究の成果により、その原因物質が熱媒体としてのPCBそのものではなく、これが高温に加熱されることにより、一部がダイオキシン類の一種であるPCDFに変化したためであると判明した。また、さらなる調査が遂行された結果、PCBの中で特に毒性の強いコプラナーPCBも、その原因物質の1つであることも分かってきた。

　1977年にオランダの研究者により、都市ゴミ焼却場からもダイオキシン類が発生していることが報告され、これまでダイオキシンの発生は、化学合成の副産物や有機塩素系農薬の不純物と認識されていたものが、身近な生活の中からも容易に発生することが分かり、ダイオキシン問題をより深刻化させることになる。

焼却によるダイオキシン類の発生原因は、一般にはプラスチックや塩化ビニルが元凶のように言われているが、1982年に米国のチャウドリーらにより推定された焼却時のダイオキシン類生成のメカニズムによると、木材中に多量に含まれるリグニンなどフェノール化合物、石炭、タバコの葉、塩素を含んでいないセルロースやポリエチレンからも容易に発生する可能性が指摘された。従って、あらゆる有機物の燃焼がダイオキシン生成に関与していることを我々は心に留めておかねばならなくなったのである（燃焼過程におけるダイオキシン類発生のメカニズムの詳細はⅥ-1を参照）。

　Ⅳ-2で述べたように、ダイオキシン類はエストロゲン受容体に直接結合するのではなく、炭化水素レセプター（AhR）に結合する。そしてこの結合体が、肝臓における薬物代謝系酵素群を誘発することにより、DNAと結合しやすい反応性の高い中間体が生成されたり、また細胞内タンパク質のリン酸化状態を変化させることで、代謝系の情報伝達機構を攪乱すると言われる。その結果、遺伝子異常を発現し、ガン化が促進されたり、奇形が誘発されたりするケースが生じると推察されている。

　ダイオキシン類は「耐容1日摂取量（TDI：Tolerable Daily Intake）」が国ごとに定められている。TDIとは健康影響の観点から、人間が毎日摂取しても生涯を通じて健康上耐えられる量が、体重を基準にして算出された値である。我が国では1996年に厚生省（現厚生労働省）がWHO・IPCSの算定方式に基づき、TDIとして10pg/kg/日を採用した。この値は、2,3,7,8-TCDDを用いて実施されたラットの2年間投与試験において、ラットの体重増加抑制、肝障害、3世代にわたる生殖試験などから毒性を示さなかった投与量（無毒性量：NOAEL）に、不確実係数（100）を考慮して得られたものをその根拠としている。よってこれ以前の日本ではTDIを100pg/kg/日と定めていたために、このような行政の対応の甘さが我が国のダイオキシン類汚染を拡張してしまったと指摘されている。翌年、環境庁では、ヒトの健康を維持するための許容限度としてだけでなく、より積極的に維持されることが望ましい水準としての『ダイオキシン類

健康リスク評価指針値』を5pg/kg/日と定めた。

　しかし1998年にWHO・IPCSはTDIを見直す検討を行い、新しい値の算出には投与量を直接用いるのではなく、「体内負荷量（Body Burden）」に換算して当てはめる考え方を導入した。よってWHOはTDIを1〜4pg/kg/日とし、目標としては摂取量を1pg/kg/日に削減することが適当であると発表した。ここで体内負荷量を考慮した理由は、体内における半減期が動物種によって異なるため、毎日経口摂取する量だけを比較してもあまり意味が無く、むしろ体内に蓄積されたダイオキシン類の濃度を基準に考えるべきであるとされたからである。そして動物で健康影響が生じる体内負荷量を実験より求めた上で、ヒトの場合にはどの程度の量を継続的に摂取すれば、その体内負荷量に達するかを見積もることが適切であるとされた。

　体内負荷量を用いたダイオキシン類のTDIの算出方法を、模式図V−1−2に示しながら具体的に説明してゆくことにする。まず種々の動物実験から、ダイ

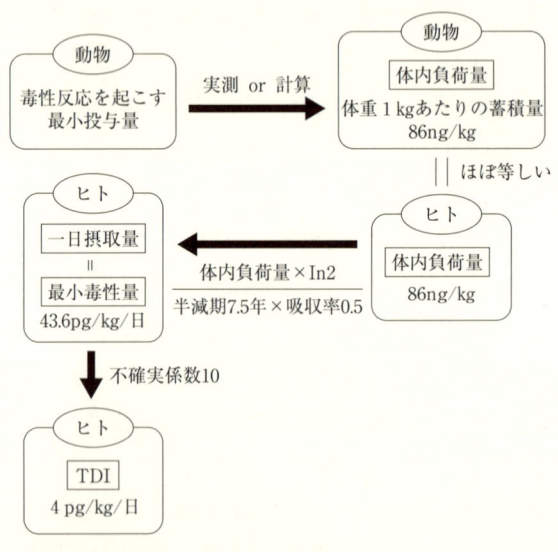

図V−1−2　体内負荷量（Body Burden）を用いたダイオキシン類のTDI（耐容1日摂取量）の算出方法

オキシンが86ng/kgの体内負荷量になると何らかの異常が出ると決定して、これだけの体内蓄積量になるには、ヒトは毎日どのくらいのダイオキシン類を摂取することになるか（ヒト1日摂取量）を見積もると、43.6pg/kg/日という値が得られる。これに不確実係数を10として、TDIを4pg/kg/日と算出している。

ここで不確実係数が100から10になった理由は、以前のTDI算出方法の場合には、実験動物のラットなどの体内半減期がヒトの場合と非常にかけ離れていることが考慮されておらず、ヒトと動物との差が10、個人差が10で不確実係数100としていた。しかし今回は体内負荷量という考え方に切り替えたため、動物種による違いが一応無視できる理論となり、安全係数を10としているという。

このWHO・IPCSの変更を受けて、我が国では1999年に環境庁と厚生省の合同会議により、ダイオキシンのTDIが4pg/kg/日に変更された。新しいTDI算定には体内半減期がヒトと実験動物の間には大きな差があることを考慮した体内負荷量が導入されたことにより、これまで予防原則的だったものがより予測原則的になってきたという点で評価できるかもしれない。しかし米国では、史上最強の猛毒であるダイオキシンにとって毒性を発現する閾値は存在しないと考え、発ガンリスクベースでダイオキシンを評価するVSD（Virtually Safe Dose）値を定め、これを0.01pg/kg/日としている。

(2) ポリ塩化ビフェニール（PCB）

PCBはビフェニールが塩素により置換された化合物の総称であり（図Ⅴ-1-3）、理論的には塩素の数や位置によって、209個の異性体が存在する。従って、かつて様々な用途で使用されたPCB製品は、多数のPCB異性体の混合物であり、現在環境中に蓄積されているPCBも多数の異性体が混在した状態として見いだされている。

PCBはそもそも19世紀後半に初めて合成され、1929年に米国のモンサントが製造を開始してから商業ベースで生産されるようになった。PCBは無色透明で、粘り気のある液体であり、その当時は毒性の無い安全な物質と認識されていた。

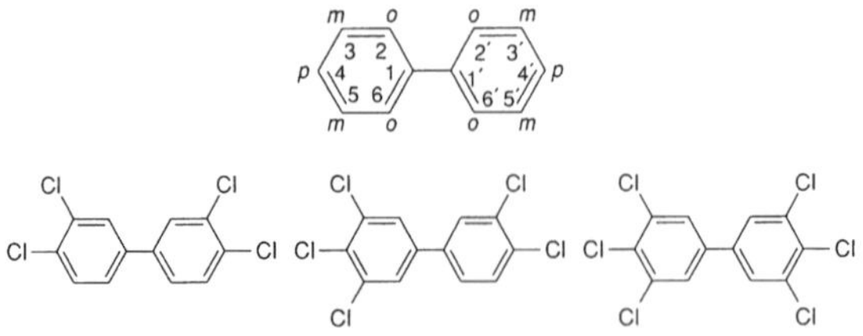

ポリ塩化ビフェニール（PCB）
＊2〜6、2'〜6'の位置に塩素が合計1〜10個つく
＊下段のコプラナーPCBはオルト位（2位）に塩素がなく、メタ位（3、5位）とパラ位（4位）に塩素があるPCB

図Ⅴ－1－3　PCB（ポリ塩化ビフェニール）の化学構造

この時代における安全基準は、急性毒性だけが問題視されており、環境残留性については全く考慮されていなかったのである。

　PCBの持つ電気絶縁性、難燃焼性、化学的安定性を利用し、コンデンサー（蓄電器）の絶縁油やトランス（変圧器）の冷却液に最適とされていた。20世紀半ばは、電気化学工業が急速な進展を遂げた時期であるため、蛍光灯、ラジオ、テレビ、冷蔵庫、エアコン等のほとんどの電気製品にPCB入りコンデンサーやトランスが用いられていた。電気製品以外にも、複写機用のカーボン紙の溶剤、プラスチックの可塑剤、潤滑油等と用途はさらに拡大していった。すなわち、PCBは20世紀を代表するヒット商品に位置づけられたのである。

　しかし、PCBの安全性に疑問を投げかける現象が次々に発覚し始めた。1966年にスウェーデンのストックホルム大学の報告において、オジロワシの体内からPCBが検出されたと発表された。また1967年には、米国の研究者がハヤブサの卵からPCBを検出している。

　さらに1968年には、PCBのヒトへの影響として、「カネミ油症事件」が我が国で起こってしまった。これは、製造工程で比較的高濃度のPCB汚染を受けた食用米糠油（ライスオイル）を摂取した人々に、激しい嘔吐、肝臓障害、皮膚の沈着、クロルアクネ（重度の塩素ニキビ）などの皮膚粘膜症状、月経不順や性欲減退などの内分泌関連症状を含むほぼ全身にわたる健康障害が見られ、死

亡者も続出した。これらの症状はすべて塩素を含む化学物質によって起こる典型的な急性毒の特徴を示していた。さらに被害は拡大し、妊娠中にPCBに汚染されたライスオイルを摂取した母親の死産、流産、生まれた子どもの発育不良などが数多く見受けられた。

　ライスオイルになぜPCBが混入したかというと、その製造過程における脱臭工程で、油を高温に加熱するための熱媒体として用いられていたPCBが、ステンレスパイプから漏れて油に混入したことによると見なされた。このカネミ油症事件により健康被害を訴えたのは1万4,000人にも上り、最終的に油症患者と認定された人の数は1,800人を超えた。この事件を機に、我が国では1972年にPCBの生産および使用が禁止になり、米国やヨーロッパなどの先進国においても、相次いで生産中止の措置が取られるようになった。

　PCBの環境汚染による人体被害が社会問題化すると、PCBに関する様々な調査研究が行われるようになった。しかし、その成果が蓄積されるにつれて、PCBの毒性は予測よりも強いものではなく、例えば、職業上、高濃度のPCBに曝された人々の血液中のPCBの濃度はカネミ油症事件の患者よりも数十倍高い値であるにもかかわらず、中毒症状などはほとんど見られなかったという。

　その後、1970年にオランダのフォスがPCBの毒性の大部分は、その中に微量に含まれる合成副生物のポリ塩化ジベンゾフラン（PEDF）に起因すると発表したことが、事態を大きく進展させることになる。PCDFは上述したように、ダイオキシン類に属し、PCBの1,000倍の毒性があると言われている。

　1975年に九州大学の研究グループが、原因油中にPCDFを検出したため、これがカネミ油症事件の主要原因物質である可能性が濃厚になってきた。また1978年に宮田と梶本は、カネミ油症事件の原因油中のPCB濃度は約1,000ppmであり、このPCBの約1％に相当するPCDFが含まれていたと発表した。ライスオイル製造の熱媒体として使用されたPCB中のPCDFは未使用のものの250倍ほど含まれており、これは脱臭操作で250℃の高温に加熱されている間に、PCBの一部がPCBFに変化したものであると考えられた。

その後もカネミ油症事件に関する調査研究が続けられた結果、PCBの中で特に毒性の強いコプラナーPCBもさらなる原因物質の1つであることが判明した。コプラナーPCB（図V−1−1）は、オルト（2位）の位置には塩素がなく、メタ（3、5位）とパラ（4位）の位置に塩素が存在するPCBであり、ノンオルト型PCBと呼ばれる。コプラナーPCBのうち、最も毒性の高いのは、3,4,5,3',4'−PCBである。これまでダイオキシン類は、ポリ塩化ジベンゾダイオキシン（PEDD）とポリ塩化ジベンゾフラン（PCDF）のことを意味していたが、1998年5月にWHO・IPCSはコプラナーPCBも規制対象に取り上げ、ダイオキシン類に含めて考えられるようになった。

　こうしてカネミ油症事件の原因物質の80〜90％がPCDFであり、10〜20％がコプラナーPCBであるとされ、事件発生から30年以上経過してから、その事故の原因物質がダイオキシン類に由来するものであると解明されたのである。

　PCBの内分泌攪乱物質に関しての性質は、それ自身が直接的なホルモン作用を示すのではなく、持続的なチトクロームp−450に対する酵素誘導作用を持つため、この作用を通じて、間接的に内因性ステロイドホルモンの恒常性を攪乱している可能性が考えられている。またある種のPCBの水酸化物は新たにエストロゲン活性が現れたり、反対に抗エストロゲン活性を持つようになることが報告されている（図V−1−4）。

　Ⅳ−1で触れたように、先進国ではPCBの生産・使用が禁止されて30年近くが経過しているにもかかわらず、その汚染は今日も拡大し続けている。その理由の1つとして考えられることは、かつてPCBを使用して作られた機器製品の一部が、先進国から発展途上国に流出して、半ば公然と使用されているためであるといわれる。これらが不適切に廃棄されれば、PCBが漏れ出したり、ダイオキシン類発生等の二次的汚染も否めない。PCBのような有機塩素系化合物は、揮発・移動・拡散性をもつため、汚染は地球規模で広がり、高緯度海域は奇しくも有機塩素化合物の集積地になるものと考えられる（Ⅵ−3参照）。

　さらに、PCBは生物濃縮され、食物連鎖を通じて汚染の拡大・深刻化に拍車

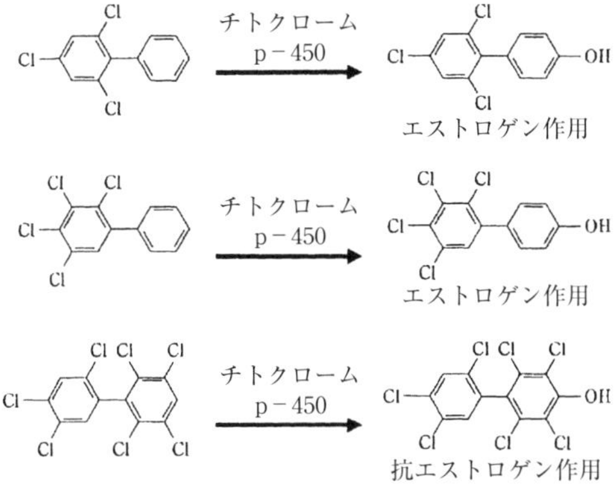

図Ⅴ-1-4　PCBの活性化によるホルモン様作用の出現
出所：松井三郎ら『環境ホルモン最前線』有斐閣選書（2002）

を掛けているものと思われる。食物連鎖の頂点に向かうに従って、PCBの生物濃縮の度合いも飛躍的に高まってゆく。その結果Ⅳ-1で述べたように、北極圏では海洋哺乳類動物の体内にPCB等が高濃度に蓄積したことに由来する大量死が確認されている。

(3) 有機塩素系農薬
1) 2,4-D、2,4,5-T
　図Ⅴ-1-5に代表的な有機塩素系農薬の化学構造を示した。先に述べたように、除草剤である2,4-ジクロロフェノキシ酢酸（2,4-D）と2,4,5-トリクロロフェノキシ酢酸（2,4,5-T）の混合物がベトナム戦争の時に利用された除草剤の枯れ葉剤であり、副生成物としてのダイオキシン類が大きな被害をもたらした。米国の環境保護局は、1971年に2,4,5-Tの使用を中止し、日本では、1981年に生産および輸入を禁止している。
　2,4-Dは、合成除草剤第1号である。人尿が植物の成長を促すという事実が認められ、この理由は、尿中に含まれる「インドール酢酸」という植物性ホルモンによるものであることが見いだされていた。そこで、インドール酢

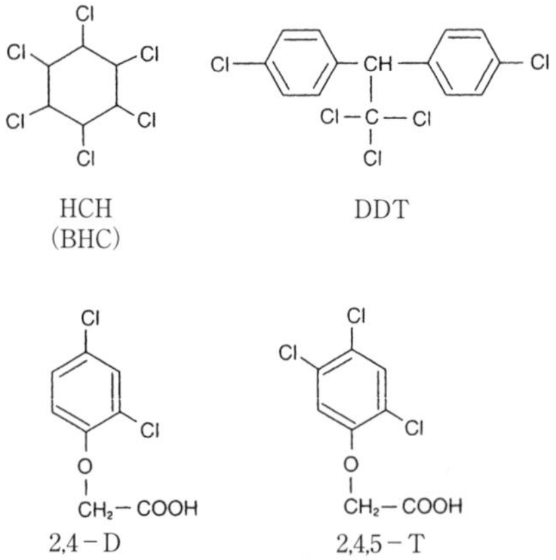

図V－1－5　代表的な有機塩素系農薬の化学構造

酸と同じように植物成長促進作用を示す化合物が次々に合成され、その中の1つが2,4－Dであった。しかし、2,4－Dは植物作用促進濃度に閾値が存在して、これより高濃度ではむしろ植物を枯らしてしまうことが分かり、さらに広葉雑草とイネ科雑草の間には、わずかに活性差を示す性質も発見された。この2,4－Dの性質を利用して雑草だけを刈らすための除草剤として活躍したのである。

2）DDT

　DDT（1,1'－［2,2,2－トリクロロエチリデン］－bis［4－クロロベンゼン］）（図V－1－5）は、合成殺虫剤の第1号であり、1939年に誕生した化学農薬の先駆的存在に当たり、その後各種有機塩素系殺虫剤登場の引き金役となった。羊毛の防食剤の開発専門であったスイスのガイギー社のミュラーは、防食剤製造過程で偶然DDTを発見し、その目の覚めるような殺虫性をこれまでに経験の無かった農業用、衛生防疫用へと進展させていった。DDTは衛生防疫用としては、マラリア、発疹チフスの媒介昆虫であるハマダラカ、シラミの劇的な防虫駆除効果を示した。ミュラーは1948年にノーベル医学生理学賞を受賞し、その後DDTの運命の激変を知ることもなく、

66歳でその生涯を閉じた。

　DDTのような初期の農薬が広範囲に使用されることにより、ヒトや野生生物および環境に好ましくない問題が次第に浮上し、1962年に発刊された『沈黙の春』の中で、レイチェル・カーソンはDDT問題を明らかに指摘した。この警告を受けて、WHOやFAO（国連食糧農業機関）はDDTの生産と使用の禁止を強く勧告し、我が国では1971年から不使用、1981年に使用禁止に至っている。しかし、製造と輸入に制限が加えられなければ、他国で使用され、輸入品とともに自国に運ばれてくる可能性は十分に考えられる。さらにマラリア防除用として、DDTに代わる効果的に薬剤が存在しないために、発展途上国では未だに使用され続けている現状にある。

　農薬として使用されたDDTは、化学的に純品ではなく、p,p'-DDT（約85%）とo,p'-DDT（約15%）の混合物である。主成分であるp,p'-DDTそのものにはエストロゲン作用は認められず、副成分であるo,p'-DDTの方に、エストロゲン作用が認められる。しかし、p,p'-DDTは、肝臓のチトクロームp-450酵素群を誘導したり、各種内因性ステロイド系ホルモンの血中レベルの恒常性を乱すことを通して、間接的に内分泌攪乱に関与している可能性が考えられる。

　一方、本来エストロゲンとして不活性であるp,p'-DDTが代謝変換すると、

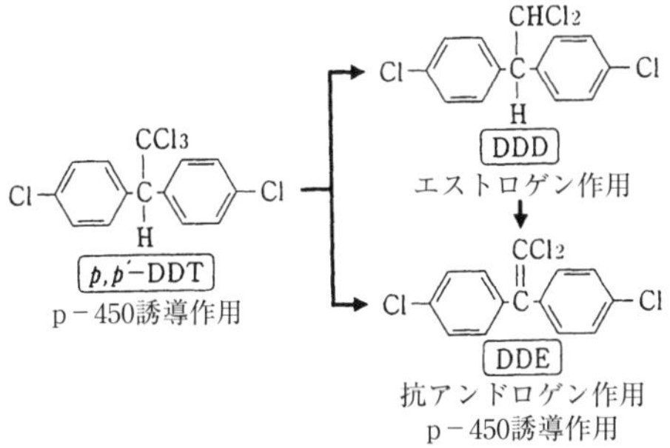

図Ⅴ-1-6　p,p'-DDTの代謝変換とホルモン様作用の変動
出所：松井三郎ら『環境ホルモン最前線』有斐閣選書（2002）

DDDやDDEのような活性代謝物が生成されるため（図V－1－6）、p,p'－DDTは「内分泌攪乱前駆物質」として機能することが考えられている。つまり、DDDはエストロゲン作用を有するようになり、DDEの方は、男性ホルモン作用阻害（抗アンドロゲン）作用を示すと言われる。性ホルモンのエストロゲンとアンドロゲンは互いに拮抗し合う関係にあるため、抗アンドロゲン作用は、結果的にエストロゲン作用を増強することになる。従って、DDTは様々な側面からエストロゲン様作用を増強する可能性が示唆されている。

3）HCH

HCH（ヘキサクロロシクロヘキサン）（図V－1－5）は殺虫剤として現在も途上国では用いられている。HCHは1945年に日本で初めて合成され、極めて有効な殺虫剤であること明らかになった。その頃、アメリカの進駐軍が大量のDDTを持参して日本の至るところで防疫のために空中散布していたため、その状況はDDT抵抗性の新種のイエバエを生み出してしまうほどであった。これらを撃退するにはHCHが有効であり、その製法も簡単で殺虫効果の優れていることが知られていたにもかかわらず、日本ではDDTのみがアメリカ軍によって使用され、その製造もアメリカ軍の許可と指導のもとに少数の工場で行われていた。さらに、DDT製品はもっぱら衛生害虫用だけに使用され、農業害虫用には分配されなかったという。

こうしてHCHは、戦後の混乱期に日本の自国の技術と資料だけで実施した化学工業であり、DDTの存在により撃退されたことが、農業用として大きな貢献をするに至ったのである。やがて、レイチェル・カーソン著の『沈黙の春』の到来により、我が国では1971年にHCHは農薬と家庭用殺虫剤としての使用が禁止されたが、木材処理用、シロアリ駆除としては禁止されていない。

HCHは残留性が高い化学物質であるが、DDTと異なる点は、揮発しやすいことである。従って、HCHは熱帯・亜熱帯の地域に汚染源があるにもかかわらず（Ⅵ－3参照）、北半球に汚染が顕在化している。これは、汚染源で蒸発したHCHが大気に乗って北上し、その後冷却されて降下して北極海の海水に

溶け込んでいると考えられ、高緯度海域はHCHの最終集積地になってしまうのである。

(4) 天然および合成エストロゲン

1) 植物エストロゲン

　図V-1-7に植物エストロゲンの化学構造を示した。大豆には、ゲニステイン、ダイゼインに代表されるエストロゲン作用物質の大豆イソフラボンが含まれ、近年、その健康機能特性が脚光を浴びるとともに、一方では環境ホルモンとしての影響も危惧され、功罪両面からその影響が注目されている。大豆に限らず、一般に豆科の植物に含まれるイソフラボン類やクメスタン類は、かなり強いエストロゲン作用を示すことが知られている。日常的な食物

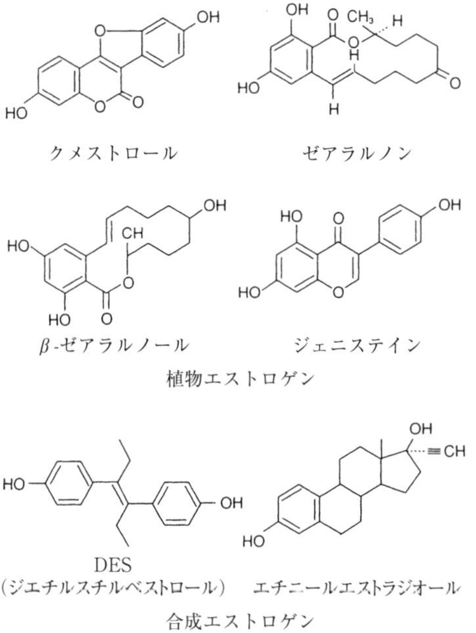

クメストロール　　　ゼアラルノン

β-ゼアラルノール　　　ジェニステイン

植物エストロゲン

DES
(ジエチルスチルベストロール)　エチニールエストラジオール

合成エストロゲン

図V-1-7　植物エストロゲンと合成エストロゲンの化学構造

から摂取するホルモン様物質は、環境汚染物質から摂取するものよりも大量であり、かつ確実に経口的に摂取するものであるから、それらの生体への影響に関心が持たれるところである。

植物エストロゲンの被害として有名なものは、1946年にオーストラリアにおいて放牧ヒツジに流産や不妊症が大量に起こった事件であり、その原因はクローバー中に含まれるクメステロールではないかと考えられ、「クローバー病」と呼ばれた。ラット肝の異物代謝酵素による代謝反応を検討した最近の研究報告によれば、体内に摂取されたゲニステインなどの大豆イソフラボン類は残留性が無く、概ね肝臓での代謝反応により不活性化されることが明らかになっている。

大豆イソフラボンは、最近の研究成果により、乳ガン、子宮ガン、前立腺ガン、大腸ガンの予防に役立ち、また骨粗相症を予防したり、更年期障害の緩和に役立つと言われている。さらにイソフラボンは生体内のホルモンレベルに応じて役割が変化し、生体に乳ガンがあるときなどはAntagonist（拮抗物質）としてホルモン作用を弱める働きを示し、更年期障害のときなどは、Agonist（作動物質）として働き、その障害を軽減する効果を持つと言われる。

ただし、注意をしなければならないのは、イソフラボンがこのような健康機能特性を発揮できるのは成人に対してであって、ホルモンに対して非常に敏感で不可逆的な反応の起こり得る状態の胎児期、新生児期の場合とは区別して考えなければならないことである。

例えば、上述したヒツジに流産や奇形が多発誘発された「クローバー病」の場合は、明らかに胎児に影響を及ぼした例である。また2000年に発表されたイギリスの疫学調査結果によれば、ベジタリアンの女性の産んだ男児は、通常の食事をしている人の男児の5倍の確率で尿道下裂が起こっているという。動物実験では、植物エストロゲンを胎児や新生児に投与すると、出産後に子宮ガンが誘発されることも報告されている。現在のところ、植

物エストロゲンの胎児へ影響は明確にされていないものの、さらなる調査・研究が必要になると思われる。

一方、最近の研究報告によれば、大豆イソフラボンのコレステロール低下作用や更年期障害緩和作用等は単独で機能するものではなく、成分間の相互作用が重要であると指摘されている。以上のようなことから、大豆などの食品から植物エストロゲンを摂取する場合には、それほど問題が無いと思われるが、精製・単離された錠剤等の形で摂取する場合は、胎児への影響等に充分な注意が払われるべきであろう。

漢方薬の成分の中にも強いエストロゲン作用を持つものがある。生薬の甘草には、グリチルリチンという強い甘味を示す成分が含まれていて、これは甘味料にも使われている。最近の研究において、ある種の甘草に含まれるグルブリジンやグルブレンという成分が、大豆イソフラボンのゲニステインと同等のエストロゲン作用を有していることが報告された。従って、内分泌攪乱作用という観点からは、「漢方薬なら安心」とは無条件には言えないようである。

2) DES

DES（ジエチルスチルベストロール）（図V－1－7）は、1938年にイギリスの科学者エドワーズ・チャールズ・ドッズらにより世界で初めて人工的に合成された女性ホルモンである。DESは流産防止の特効薬として、「奇跡の薬」と呼ばれるほどその効果を発揮し、FDA（米国医薬品局）も2年足らずで商業使用を認可したため、急速に普及していくことになる。DESの効能は更年期障害、前立腺ガン、ニキビ、育毛、精力増強などに効果的であるとされ、さらにニワトリや牛などの家畜の成長を促す薬品としても利用されていた。

しかし、その劇的な発見から30年後に、「DESシンドローム」と呼ばれる悲劇が訪れることになる。ボストン近郊に澄む10代後半から20代前後の若い女性数人が、腺ガン、明細胞ガンという極めて珍しい型の膣ガンにかか

っており、これまで30歳以下の症例は、世界でも4例だけであったため、これらは極めて不可解な事実であることに産婦人科医のハーブストらは気づいた。この女性たちに共通の事実は、彼女たちの母親が妊娠中にDESを服用していたことであり、ハーブストらは妊娠中に母親が服用したDESが、生まれた子どもたちの10～20年後に重大な障害をもたらすとの結論を1971年に報告している。

このようなDESによる被害は、それを服用した母親や出生時の子どもには影響が見られないものの、10数年後にその子どもが思春期を過ぎて、自分自身の体内で内因性の性ホルモンが作用するようになってから被害が露出するという非常に根深いものであった。すなわち、成長過程においてホルモンに対して極めて敏感な周生期に女性ホルモンの曝露を受けたとき、何らかの異常が起こることが明らかになったのである。また、Ⅲ-3でも述べたように、胎児期DESに曝露された女性は一般の女性に比べて同性愛的傾向が高くなると言われており、DESは脳にも作用して人間の性的嗜好や性行動まで狂わせる可能性が浮上している。

この「DESシンドローム」を契機に、DESの安全性が見直されるようになり、1971年にDESの女性への使用は禁止になった（ただし、前立腺ガンの治療としては使用されている）。

3）エチニールエストラジオール

エチニールエストラジオール（図Ⅴ-1-7）は、低用量経口避妊薬（ピル）の成分である。1980年代にイギリスにおいて、雌雄同体のコイ科の魚が見つかり、河川水の分析から天然のエストロゲンやピルに用いられていたエチニールストラジオールが検出され、これらのホルモンが下水処理後にも残っており、雌雄同体の魚の出現に関与している可能性が示唆された。

我が国では、ピルの使用が1999年の6月から厚生省（現厚生労働省）により認可されたため、ヒトへの扱い方の危険性と環境へのリスクの両面について検討していかねばならないと思われる。

2002年3月にイギリス環境庁は、内分泌攪乱物質に関する最新の研究結果を発表し、特に、ピルに含まれているエチニールエストラジオールの影響力は以前に考えられていたよりもずっと強く、1ℓ中に1ng未満の濃度でも雄魚に影響を与えるため、早急に排水処理方法を検討しなければならないと報告している。
　ピルを使用する場合、自己責任が問われるのは当然のことであるから、妊娠中は使用しないことは無論のこと、体外に排出されてからの環境への影響等も充分に考慮する姿勢が必要になるであろう。

(5) 有機スズ
　トリブチルスズ（TBT）、トリフェニルスズ（TPT）は、船底塗料や漁網の防腐剤として使用されていた。これは、船体付着して船の速度を低下させるフジツボやカキ殻をTBTやTPTが殺す作用があるからである。金属スズは、脂溶性ブチル基で囲まれていると、細胞膜を容易に通過できると言われる。この有機スズを使用することにより、当初は燃料費と船体クリーニング代が大幅に節約できたという。
　しかし、1970年代の終わり頃から1980年代初めにかけて、ヨーロッパで貝類やカキの養殖に有機スズが悪影響を及ぼすことが判明してきたのである。そこで1988年に米国では、25m以上の長い船体以外へのTBTの使用を禁止した。
　我が国では、1989年にトリブチルスズオキシド（TBTO）が「化学物質の審査及び製造等の規制に関する法律（通称化審法）」の第一種特定化学物質に指定され、製造も輸入も禁止された。さらに1990年にはTBTもTPTも第二種特定化学物質に指定され、生産予定量を届け出ることになった。これに伴い、我が国のメーカーは、1997年3月までにすべての生産を打ち切るに至っている。
　有機スズは、致死量より低い濃度では、巻き貝のイボニシの雌に男性性器を作らせて、雄化させる作用があると言われる。通常の場合、雌の体内では男性ホルモンのアンドロステンジオンから女性ホルモンのエストロンが合成され、

最終的に強力なエストラジオール合成されてゆく。しかし有機スズは、イボニシの雌の体内でアンドロステンジオンからエストロンが合成される時に働く酵素を阻害するため、女性ホルモンが合成できないことが判明した。

　身近な生活用品として、以前はクッキングシートに有機スズが含まれていたことがあった。これはシリコン樹脂を重合する際に、触媒としてDBTという有機スズを用いていたためである。DBTは非常に強い免疫毒性を示すことが分かり、メーカー側は即座に販売・流通を禁止するに至った。

V-2　身近に存在する疑わしい環境ホルモン

　身近に存在して環境ホルモンの疑いがかけられている物質は、プラスチックや洗剤そのものではなく、それらの中に微量に含まれる未反応原料や添加物および洗剤の分解生成物であると言われる。プラスチックに用いられる化学物質のエストロゲン様活性は、培養細胞で調べた結果によれば、天然エストロゲンの1,000分の1あるいは10,000分の1程度であり、動物実験に用いられる量も、我々の体内に取り込まれる可能性がある量よりも高い濃度であることは確かである。

　しかし、II-3で述べた低用量問題も指摘されていることから、濃度のみで生殖毒性を議論するのは極めて危険であり、特に生殖器や脳の性分化が未完成の胎児や新生児にエストロゲン様物質が曝露されたときの危険性には注意が必要になるため、その因果関係の早期解明が望まれる。

(1) p-ノニルフェノール

　ノニルフェノールは、ポリエチレングリコールのようなポリエーテルと結合した形で、洗剤の成分であるアルキルフェノール類の界面活性剤として使用されている（図V-2-1）。界面活性剤のノニルフェノール部分が疎水性で、ポリエーテル鎖が親水性であるため、電荷を持たない非イオン系界面活性剤とし

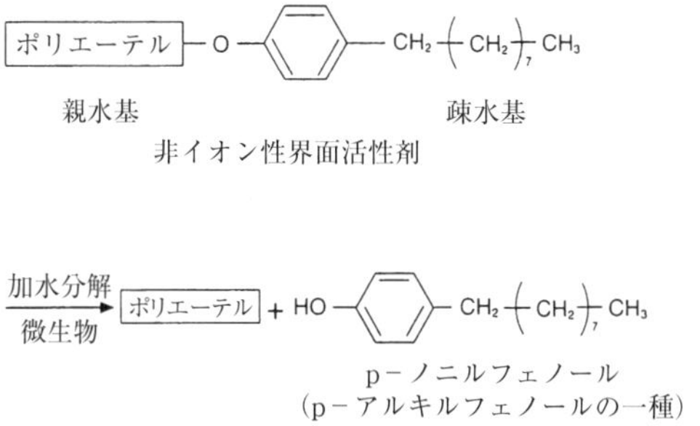

図Ⅴ－2－1　アルキルフェノール系非イオン性界面活性剤の構造とその加水分解生成物
出所：筏義人『環境ホルモン――きちんと理解したい人のために――』講談社（1998）

て機能する。この界面活性剤が下水道処理施設や体内のバクテリアによって分解されると、ノニルフェノールが生成される。

　ノニルフェノールは、1991年にエストロゲン受容体を持つヒト乳ガン細胞の増殖実験中に、弱いエストロゲン作用を有する物質が溶媒液を保存していたチューブから溶出して、細胞増殖を促進したことから、プラスチックから溶出したエストロゲン様物質として知られている。ノニルフェノールには直鎖型と分岐型の構造異性体があり、エストロゲン作用が比較的強いのが分岐型の方で、これは環境中から主に検出されるものである。

　我が国の環境省は世界に先駆けてノニルフェノールの魚類（メダカ）に対する試験を行い、さらにそれを基にして2001年8月にリスク評価を行った。その結果、環境中の濃度、魚類のエストロゲン受容体結合性等を考慮し、特に魚類に対しては、ノニルフェノールの濃度を減少させる必要があることを取りまとめている。ノニルフェノールはベンゼン環に水酸基（－OH）が結合しているため、陸上動物の場合、肝臓中の酵素によって容易に抱合反応を受け、体外に排泄されやすいと言われる。

(2) ビスフェノールA

　ビスフェノールAは、ポリカーボネートとエポキシ樹脂の合成原料であり、

ビスフェノールAの生産量の70%がポリカーボネートに用いられ、25%がエポキシ樹脂に利用される。ポリカーボネートとエポキシ樹脂の合成反応を図V－2－2に示したように、ビスフェノールAは生成高分子の長い分子鎖の中に組み込まれた状態にある。一般に、低分子化合物から高分子化合物を合成するとき、ごく微量の低分子原料が高分子鎖に組み込まれずに残留し、これが問題となるのである。ビスフェノールAは、ポリカーボネート製の食器類や哺乳瓶、エポキシ樹脂でコーティングされた金属缶や接着剤などから溶出する可能性が考えられる。また歯科治療の充填剤に使用する原料にもビスフェノールが使用されており、経口摂取される可能性が高い化学物質の1つである。

 ビスフェノールAは、弱いエストロゲン作用を示すことが確認されている。ビスフェノールAは、インビトロ試験では、内因性エストロゲンであるエストラジオールの1,000分の1から数千分の1のエストロゲン活性を示すのに対し、インビボ試験では、その影響が増強し、数百分の1の効果を示すと言われている。すなわち、生体レベルでは試験管レベルの約10倍の作用を持つエストロゲン作用物質として働くようになり、生体内における活性代謝産物生成の可能性

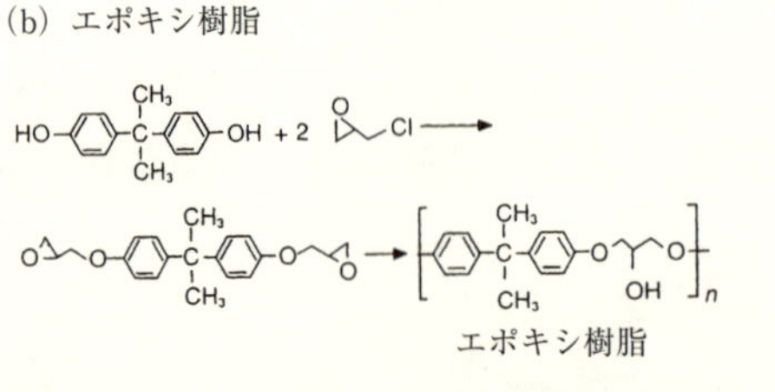

図V－2－2 ポリカーボネートとエポキシ樹脂の合成反応
出所：筏義人『環境ホルモン──きちんと理解したい人のために──』講談社（1998）

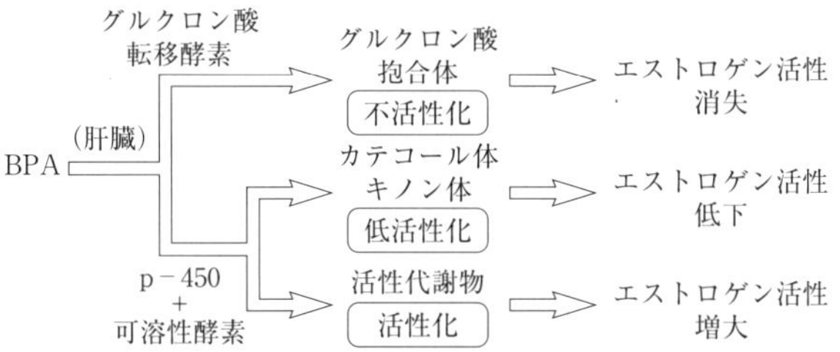

図Ⅴ－2－3　ビスフェノールAの代謝変換とエストロゲン作用の変動
出所：松井三郎ら『環境ホルモン最前線』有斐閣選書（2002）

が示唆されている。

　ラット肝の異物代謝酵素を検討した最近の研究報告によると、グルクロン酸抱合能を持つ成獣肝では、不活性化反応であるグルクロン酸抱合が優先して、ビスフェノールAのエストロゲン作用は代謝変換により弱められるが、胎仔肝のようにグルクロン酸抱合能が低い場合には、活性代謝産物が生成される可能性があることが示唆された（図Ⅴ－2－3）。このことは内分泌攪乱物質に対して最も影響の大きい胎仔期において、強いエストロゲン活性を示す代謝物が生成されることを意味し、極めて慎重に検討しなければならない課題の1つであると思われる。

(3) 可塑剤

　塩化ビニルは本来硬い素材であるため、可塑剤としてフタル酸ジ（2－エチルヘキシル）がプラスチックに対して10～40％加えられている。このいわゆる「可塑化塩ビ」は、透明で力学的な性質も優れている上に安価であるため、電線被覆材、水道のホース、玩具、輸血用血液バック等に幅広く用いられている。この可塑剤は塩ビと化合していないので、軟質性の製品は温度や時間の経過とともに再び分離してくる。例えば、電子レンジで使用したラップが硬化するのも、可塑剤が溶出して食品に移行しているものと考えられる。

　フタル酸ジ（2－エチルヘキシル）のエストロゲン作用は非常に弱いものの、

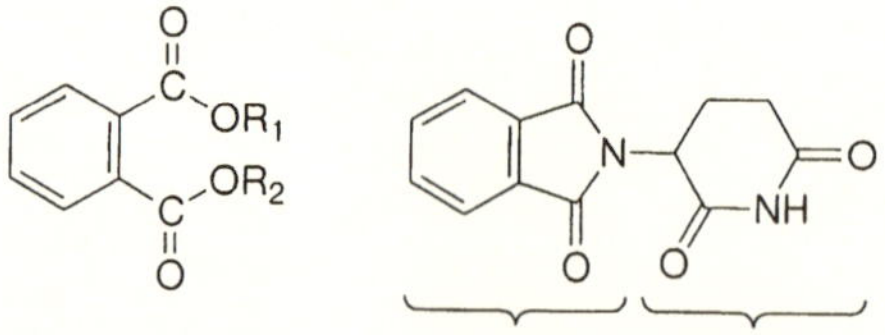

図Ⅴ-2-4 フタル酸エステルとサリドマイドの化学構造
出所:化学編集部編『環境ホルモン&ダイオキシン』化学同人 (1998)

その加水分解物のフタル酸モノ (2-エチルヘキシル) のエストロゲン作用は強くなると言われている。この加水分解は、肝臓内のチトクロームp-450酵素群によって起こる。

一方、加水分解物のフタル酸は、1961年に明らかにされサリドマイドアザラシ病の原因となったサリドマイドの催奇形性を示す部分の化学構造と類似している (図Ⅴ-2-4)。サリドマイド事件では、その毒物が受胎後4～5週齢の特定の過敏期のみに作用することが明らかにされている。この過去の忌まわしい教訓からも、フタル酸の攪乱効果の観点から、再度検討する必要性があると思われる。

厚生省は2001年7月にフタル酸ジ (2-エチルヘキシル) のリスク評価を行い、食べ物に直接触れたり、子どもがなめることを目的にしたおもちゃに対しては使用を禁止している。

(4) 酸化防止剤

種々の酸化防止剤が、多くのプラスチックに平均0.2%程度添加されている。これは、高温で成型加工する際の酸化を避けるためである。典型的な酸化防止剤はBHT (ブチルヒドロキシトルエン) であり、弱いながらもエストロゲン作用を示す。しかし、発ガン性の疑いも指摘されたため、現在ではほとんど使用されなくなっている。

(5) スチレン

　発泡スチロールは、スチレンの重合によって合成される（図Ｖ-2-5）。スチレンのモノマーはポリスチレン中に0.01〜0.1％程度残っており、発泡スチロールに湯を注いだとき、数10ppbのスチレンポリマーが溶出してくる。モノマーが2個あるいは3個重合したダイマー、トリマーの化学構造は様々であるが、その水溶性は極めて低く、100℃位では、強力な洗剤、油、アルコールなど湯に加えない限り、溶出は極めて低いと考えられている。また、スチレンは肝臓

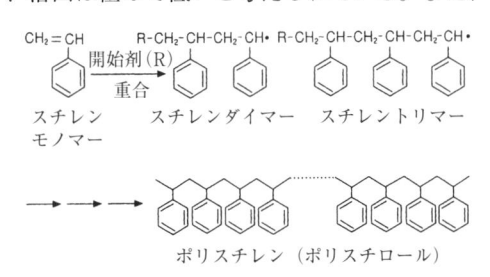

図Ｖ-2-5　ポリスチレンの合成法
出所：筏義人『環境ホルモン——きちんと理解したい人のために——』講談社（1998）

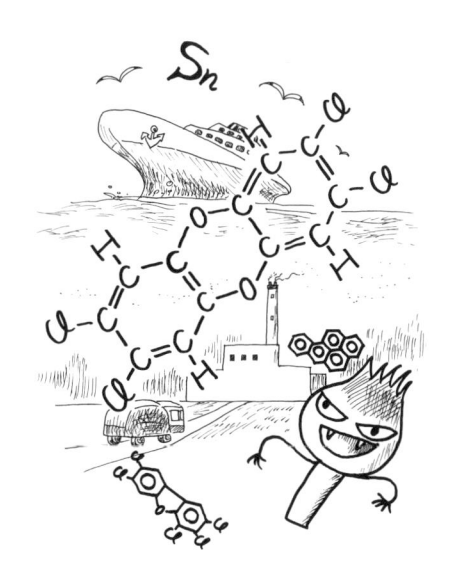

のチトクロームp-450酵素群によって、エポキシ化されるので、エストロゲン作用は今のところ認められていない。従ってⅠ-4で述べたように、スチレンダイマー、スチレントリマーに関しては、哺乳類への影響は無いものと判断され、環境ホルモンとして疑わしい化学物質のリストからも削除されている。

しかし、井口らの研究によれば、ミジンコに対してごく微量で生殖毒性を示すことが明らかにされている。ミジンコに対しては低濃度で影響を及ぼすことからも、スチレンは動物種によってその作用が変化する物質と考えられる。

さらに最近の研究では、スチレンダイマーにも数種の構造異性体が存在し、そのうちのtrans-1,2-ジフェニルシクロブタンの場合、それ自体にエストロゲン作用は無いものの、肝臓のチトクロームp-450酵素群による代謝変換の結果、エストロゲン活性代謝産物が生成されることが明らかになった。つまり、環境ホルモン前駆物質として働く可能性が指摘され、リストから削除されたからといっても、引き続き調査が必要になると思われる。

第Ⅵ章
環境ホルモンの発生源と汚染の拡大

　日常生活の中で、体内に侵入する可能性が考えられる環境ホルモンの発生源を図Ⅵ-1にまとめた。これを見る限り、食品関連、大気、水、医薬・治療材など我々が生活の中で身近に接するものから複合的に体内に取り入れられている可能性は否めない。人類が作り出した最強の猛毒と言われるダイオキシン類は、主として食物、大気、水、土壌から取り込まれる可能性がある。厚生労働省の調査を参考にすると、ダイオキシン類摂取は食品からが98％にものぼり、大気からは1.5％、水からは0.01％、土壌に由来する粉塵などからは0.4％となっている。つまり、ダイオキシン類はほとんどが口を通じて体内に侵入してくるものと考えられる。食品の中で最も汚染されているものが、魚介類であり、

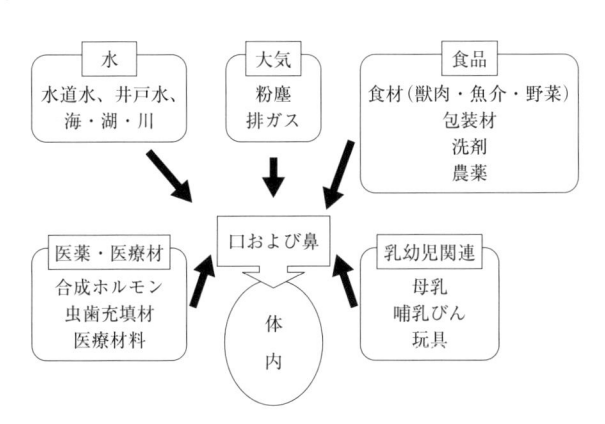

図Ⅵ-1　ダイオキシン類が体内に侵入する発生源

日本人の場合は、1日の摂取量の約60％にも上るという。

このように魚介の汚染度が高い理由は、ゴミ焼却場から排出されたり、土壌など環境中に残留したダイオキシン類が、やがて河川から海へ移行し、食物連鎖を経て生物濃縮されて最終的に魚介類の体内に蓄積されてゆくからである。またダイオキシン類は脂肪組織に蓄積するために、魚介類に次いで汚染度が高い食品としては、牛乳・乳製品、肉類、卵類となり最後に野菜の順になっている。しかし、農薬にも数多くの環境ホルモンが存在するため、野菜や穀類だからといって環境ホルモン汚染は免れないものとなっている。特に輸入品は、ポストハーベスト農薬の残留性の高さが危険性を増しているので注意したい。

本章では、まず環境ホルモンの発生源として、近年特に問題になっている、いくつかの事項を取り上げることにする。まず焼却時におけるダイオキシン類発生のメカニズムを説明し、塩ビやプラスチック製品だけでなく、あらゆる有機物の燃焼がダイオキシン生成に関与していることを述べる。次に近年社会問題にもなっている母乳のダイオキシン汚染に関して、母乳哺育の重要性なども加味しながら最近の知見を多角的に分析してみようと思う。またグローバルな視野から、近年徐々に汚染が顕在化して今後の動向が危惧される途上国の環境ホルモン問題ついて触れてみたい。最後に、地球規模に広がる有機塩素系化合物の汚染の実態から、それを防止するための国際的な取り組みとして、残留性有機汚染物質（POPs）条約について紹介することにする。

Ⅵ-1　ダイオキシン類発生のメカニズム

ダイオキシン類は通常の場合、焼却時や工業製品・農薬の製造時などに副生成物として生成するため、熱、圧力、光照射、各種触媒などの条件変化により、その生成が促進される可能性がある。このような条件変化に関わるダイオキシン類の発生源としては、大別して以下の3つが考えられる。

1）家庭の一般ゴミと産業廃棄物の焼却に起因するもの。
2）工業製品や農薬製造時に非意図的に副生成物として発生する場合。
3）紙パルプ漂白など、塩素を使用する製造過程で生成する場合。

このうち、1）により発生し得るダイオキシン類が圧倒的に多いと考えられている。ダイオキシン類生成には、原料に180～400℃の温度が加わることが必須条件であり、これよりも温度が低くても高くても生成しにくくなると言われる。従って、一般家庭用の焼却炉は通常400℃以下で燃焼されるため、最もダイオキシン発生に適した条件を作り出している。また大型の焼却炉でも、炉の温度が700℃以下になると、ダイオキシン発生の可能性が強くなる。

2）のケースによる被害の典型的な事例としては、Ⅴ-1で紹介したようにベトナム戦争で用いられた「枯れ葉剤」による二重胎児の発生およびライスオイル脱臭時にPCBがダイオキシン類に変化したカネミ油症事件である。もし、これらの製造時にダイオキシンが副生成物として発生していなければ、このような惨事にはならなかったことは言うまでもない。

3）のケースの事例としては、カナダのカムループ湖の近くにクラフトパルプの漂白工場が建設され、そこでの漂白に塩素を用いていたために、大量の2,3,7,8-TCDFやPCBが生成したという。そこで漂白剤を塩素からリグニン選択性の高い二酸化塩素（ClO_2）に切り替えたところ、それらの化学物質の生成は急激に減少していったと報告されている。

次に、ダイオキシン類発生が圧倒的に多いと考えられる「焼却時における発生のメカニズム」を考えてみる。図Ⅵ-1-1は、1982年に米国のチャウドリーらが、推定した焼却によるダイオキシン類発生の化学反応のチャートである。一般にダイオキシン類発生には塩化ビニルが元凶のように言われているが、これらの化学反応プロセスを見る限り、木材中に多量に含まれるリグニンなどのフェノール化合物、石炭、木材や紙などの主成分であるセルロース、塩素を含んでいないポリエチレンやポリスチレンなどのプラスチックからも条件が整えば、ダイオキシン類が発生する可能性があることが分かる。さらにこのような

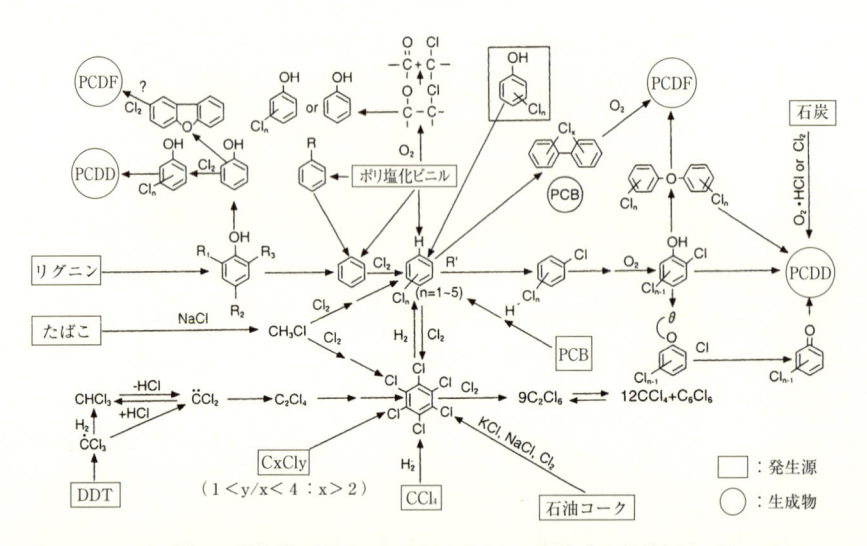

図Ⅵ-1-1 種々の汚物質の焼却によるダイオキシン類生成の化学反応（Choudhry et al., 1982）
出所：筏義人『環境ホルモン——きちんと理解したい人のために——』講談社（1998）

　燃焼過程は、廃棄物の焼却のみならず、自動車のエンジン、たばこの喫煙、森林火災などのような普段身近に接する現象過程においても生成する可能性が考えられている。

　そしてこの燃焼過程を簡略化して示したものが図Ⅵ-1-2であるが、ダイオキシン生成にはベンゼン環を持つベンゼン、フェノールおよびそれらの塩素化合物が重要な前駆物質であると考えられ、これらの前駆物質と塩素（塩化水素）、酸素が存在すれば、ダイオキシンが生成するものと推察される。またこの図から分かるように燃焼過程で起こる反応は、ラジカル反応であることが分かる。ダイオキシンの生成には塩素が不可欠であるが、塩素は極微量ながら大気中にも存在し、また家庭ゴミの中にも塩化ナトリウム（NaCl）のような無機塩類が含まれているため、これらからも反応性の高い塩素ラジカル（Cl・）が生成して、木材類、プラスチック類と反応すれば、ダイオキシン類が発生する可能性が強くなる。また、図中に示したように、銅（Cu）や鉄（Fe）などの金属

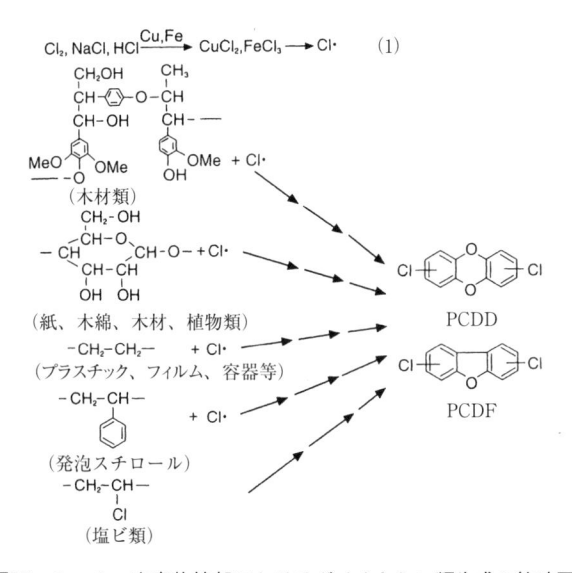

図Ⅵ－1－2　廃棄物焼却におけるダイオキシン類生成の簡略図
出所：筏義人『環境ホルモン——きちんと理解したい人のために——』講談社（1998）

塩化物は塩素ラジカル（Cl・）生成の触媒であると言われる。

　このようなことを踏まえると、特にゴミ焼却過程におけるダイオキシン類生成には、飛灰（フライアッシュ）が関与すると推察できる。すなわち、ゴミの不完全燃焼に伴う未燃有機物が比較的低い温度域（300℃程度）において飛灰が生じ、その表面には塩化銅などの金属塩が吸着しているため、それらの触媒作用を受けて、ダイオキシン類が生成するものと考えられている（図Ⅵ－1－3）。従って、ゴミ焼却時に発生した灰には全ダイオキシン類の80％が含まれていると言われ、この灰処理は極めて慎重に行う必要性があることを再認識する必要がある。

　そこで現在法的にも特別処置が取られており、廃棄物焼却炉から排出される煤塵や焼却灰等に含まれるダイオキシン類の量は、厚生省（現厚生労働省）令で定める基準（3ng－TEQ/g）以内になるように処理しなければならず、廃棄物最終処分場の維持管理は、総理府令、厚生省令で定める基準に従って行わな

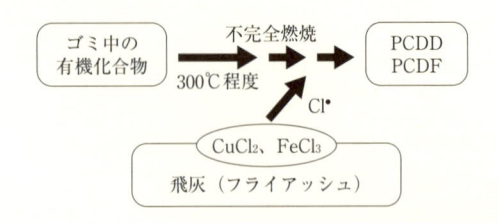

図Ⅵ－1－3　不完全燃焼に伴う未燃有機化合物からのダイオキシン類生成における飛灰（フライアッシュ）の関与

ければならないことになっている。

　以上のように、ダイオキシン類発生の環境を作りやすい焼却は、概して家庭用の焼却器や小型の焼却炉等で起こりやすいために、文部科学省は、全国の学校等における焼却炉を廃止する方針を打ち出しており、公立学校ではほぼ全面的な校内焼却炉の使用中止に至っている。

　また廃棄物処理法改正に伴い、平成2001年4月より、一般廃棄物と産業廃棄物の区別なく、廃棄物処理基準や政令によらないすべての廃棄物の野外焼却（野焼き）が禁止された。ただし、①震災や火災時の予防や応急対策のための野外焼却、②風俗慣習上や宗教上の行事を行うための廃棄物焼却（大文字焼き、どんと焼き等）、③農業や林業、漁業を営む上でやむを得ないもの、④庭先のたき火やキャンプファイヤーなどの日常的に行われるもので軽微なもの、⑤家畜伝染予防法に基づく伝染病に罹患した家畜の死体の焼却やアヘン法に基づくアヘン処理等は、適用除外の例として認められている。

　最後に、国立公衆衛生院の田中によりまとめられた都市ゴミ焼却から排出されるダイオキシン類生成の可能性を紹介してⅣ－1のまとめとしたい。

1）もともとゴミの中に含まれていたダイオキシン類が、分解されずに排出される。
2）クロロフェノールやPCBのような塩素化前駆体が、焼却炉内で反応してダイオキシン類を生成する。
3）廃プラスチック、リグニンといった有機物質に塩化ナトリウム、塩化水

素、塩素といった塩素供与体が反応して、ダイオキシン類が生成する。
4）前駆体が飛灰（フライアッシュ）固相で塩素供与体と反応して、ダイオキシン類が生成する。

　これらの中でも、特に300℃付近の低温域での4）の反応が重要であると述べられている。

　以上のように、一般にはダイオキシン類発生の原因は、プラスチックや塩化ビニルが原因であると懸念されているが、これらのみならず、あらゆる有機物の燃焼がダイオキシン類生成に関与していることを我々は強く認識しなければならないと思う。特に、都市ゴミには食べ残し、紙、木材、プラスチックなど種々のものが混入されており、またダイオキシン類の前駆体であるクロロフェノールやクロロベンゼン等も豊富に含まれているために、ダイオキシン類生成のための素地が充分に整っているものと考えられる。

　このようなゴミが燃焼される過程において、酸素や塩化水素などと反応することによりダイオキシン類あるいは前駆体が生成され、これらが高温で完全燃焼されれば、二酸化炭素や水に分解されるものの、ガス中にはダイオキシン類のままあるいは前駆体としてそのまま残留してしまう可能性が考えられる。そして排出ガス中に残留した前駆体は、集塵機を通過する間にダイオキシン類生成に適した温度域（300～500℃）や雰囲気に曝される結果、再びダイオキシン類に変換されてしまうのである。

Ⅵ-2　母乳のダイオキシン汚染

　最近ダイオキシン類の母乳汚染が問題となり、マスコミなどでも頻繁に取り上げられ、母乳を乳児に与えてよいのだろうかという心配の声も聞かれるようになった。しかし、母乳哺育を直ちに中止して、人工乳に切り替えれば問題はなくなると言うわけでもない。従って、この問題は一面的な判断で解決を求めるのでは

なく、様々な角度から慎重に分析・検討されなければならないと思われる。

　母乳中のダイオキシン類の濃度は、牛乳中の30倍も多く含まれている。これは、母親の体脂肪組織内に蓄積されていたダイオキシン類が、乳腺細胞で母乳が合成される際に、約10倍に濃縮されて、母乳脂肪層に取り込まれているからだと言われている。1993年の長山らによる母乳中のダイオキシン類の胎児への移行に関する報告によれば、母親の体脂肪組織に含まれているダイオキシン類のおよそ50％が、授乳により乳児に移行すると算出されている。また初産の母親の母乳中のダイオキシン類は、2児以上出産した母親のものよりも、2倍多く含まれていると報告されており（1987年の調査）、この報告からも、授乳は母親に蓄積したダイオキシン類を体外に排出する最も効率のよい経路になっていることは否めない。

　さらに、母乳から摂取したダイオキシンの乳児における吸収率を、母乳からの1日の摂取量と便からの排出量とを比較して算出したドイツのコーナーらにより1992年に発表された報告によれば、乳児は母乳から摂取したダイオキシンの98％を体内に吸収していることが明らかにされている。

　従って当然のことながら母乳の摂取期間が長くなるほど、乳児の体内に蓄積されるダイオキシン濃度は高くなることが予測される。しかし、乳児のダイオキシンに対する感受性やそれの及ぼす影響等の詳細が未だ解明されていないのが現状であり、この問題をさらに深刻化させているものと思われる。

　厚生省の調査では、1996年における日本人の母乳脂肪1g当たりのダイオキシン濃度は16pgであり、この値はドイツ、カナダ、イギリス等の先進国とほぼ同程度の値であると考えられる。また大阪府公衆衛生研究所が1973年から母乳中のダイオキシン類の濃度を経年的に調べた結果によれば、ダイオキシン類の濃度は70年代が30pg台と最も高く、その後は徐々に低下し、95年以降は半分程度にまで減少しているという。これは、70年代に使用さていた農薬や除草剤にはダイオキシン類が不純物として混じっており、現在はこれらの使用が中止されているためであると推察されている。最近では、ダイオキシン排出

規制やその対策も強化されており、この傾向にはさらなる改善の期待が持てるかもしれない。

　このような対応を受けて、母乳からの乳児のダイオキシン摂取量はここ25年間で減少してきているとはいえ、日本における乳児期のダイオキシン摂取量は、現在でも72.1pg/kg体重/日と推定されており（2001年度厚生省資料）、TDI（耐用日摂取量）の4pg/kg体重/日をはるかに上回っていることは事実である。しかし、母乳からダイオキシンの摂取期間は1年くらいと短期間であるため、一生涯何十年もその量を摂り続けた場合に起こる慢性の影響を避ける目的で作られたTDIを用いて母乳の安全性を検討することは、妥当ではないと考えられている。先進国における母乳からのダイオキシン摂取量は、日本とほぼ同程度であるが、授乳を規制している国はなく、WHOヨーロッパ地域事務局の勧告においても、母乳哺育のメリット（下記参照）を積極的に推進すべきであるとしている。

　母乳は、新生児から生後3カ月までの大切な栄養源であり、栄養面だけでなく、免疫物質なども含んでいるために、乳児発育に対する高い有効性が知られている。母乳哺育の長所は以下の4点にまとめられる。

1）感染症抵抗性を高め、死亡率、疾病罹患率が低くなる。これは、母乳に含まれる免疫物質によると考えられている。母乳の感染抑制因子の中心は、免疫グロブリンA（IgA）であり、IgAは特に初乳に多く含まれ、生後1カ月ほど経つと、その濃度は顕著に薄くなる傾向が見られる。IgAの役割としては、腸管におけるウィルスや細菌の感染を防ぎ、未熟児では、壊死性腸炎の予防にも役立つ。

2）スキンシップを通して乳児の情緒的発達を促し、精神的結びつきを強化し、母子相互作用の面からも有用である。つまり、乳房を介する母子間のスキンシップは母親と乳児の両方に強い満足感を与え、互いに情緒関係を正常に保つ上で役立っている。五感、つまり視覚（目と目と交流）、嗅覚（乳臭さと母親の体臭）、触覚（スキンアタッチメント）、聴覚（喃語や泣き

声と母親の語りかけ)、味覚(母乳の味)を通じた母子間の相互作用が新生児期から強調されているのである。

　最近、女性の社会進出に伴い、赤ちゃんの接し方に戸惑いを覚える母親が増えており、そのために「サイレントベイビー(無表情な赤ちゃん)」が多くなっていると言われているが、このことにも母親とのスキンシップの不足が起因していると思われる。

3) 母乳の組成は栄養的に理想的であり、乳児の消化作用にも最適である。母乳の成分の栄養的特徴として以下の5点が挙げられる。

① 母乳のタンパク質は比率の上で、水溶性の乳清タンパク質が多く、カゼインが少ない。

② 母乳はシスチン、タウリンの含有量が多い。含硫アミノ酸であるタウリンは、哺乳類の生体内では臓器膜中に多量に存在しているが、人乳には牛乳の30倍のタウリンが含まれている。タウリンは神経伝達物質として、中枢神経や心臓の働きを支えており、さらに胆汁酸抱合体としての役割も重要である。タウリンは体内ではメチオニン、シスチンなどから生合成されるが、その過程で必要なCystein sulfinic acid decarboxylaseという酵素の活性が胎児と新生児では著しく低いために、新生児は母乳からタウリンを摂取することが必須であると言われる。

③ 母乳の脂肪は吸収性の良い、不飽和脂肪酸の含有量が多い。母乳脂肪には、様々な生理作用が注目される$\omega 3$および$\omega 6$脂肪酸が含まれており、特に新生児の脳の発達を促すDHAが豊富に含まれている。一方、牛乳脂肪を植物油で置換した調製粉乳には、$\omega 3$脂肪酸の含有はほとんどなく、$\omega 6$脂肪酸含有量も少ない。

④ 母乳中のミネラルは牛乳の3分の1であり、乳児の腎臓の浸透圧負担を軽減している。母乳には必須元素である銅や亜鉛も適量含まれている。

⑤ 母乳における上記のような栄養素の消化・吸収性は人工乳に比べて優れている。

4）母乳は牛乳アレルギーを防ぐ。新生児の腸管は、浸透性が良く、牛乳タンパク質特に、β－ラクトグロブリンを不完全分解のまま吸収し、牛乳アレルギーを起こしやすい。

現行では、乳児の毒物に対する感受性等、まだまだ未解決の問題が多く、有識者の間でも母乳哺育について、賛否が分かれるところである。ただし、総合的に見ると、母乳を飲む期間が短期間であることや、乳離れ後も一生食物連鎖で人体に蓄積することを考慮し、母乳を直ちに中止するのではなく、上述したような母乳の乳児へのメリットを生かして、その後は食生活に配慮してゆくことが大切であると考えられている。同時に母乳を飲んでも安心な環境を作ってゆくことが、地球上に生きる我々一人ひとりに求められていることは言うまでもない。

当面、高齢で初めて出産の人は体内に蓄積する化学物質の量も多くなり、また出産前に極度にダイエットした人などの場合も、体内で化学物質濃度が増えるので、そのような場合は、乳児に母乳よりも代替乳を与える比率を高くした方が良いようである。

Ⅵ-3　途上国の環境ホルモン問題

猛毒であるダイオキシン類は、環境残留性、生物蓄積性が高いこともあり、その被害が懸念されるため、先進国を中心にこれまで汚染実態調査やリスク評価が継続的に行われ、同時に高性能焼却施設の普及と改良（Ⅶ－4を参照）や化学物質の流通・使用規制強化が積極的に行われてきた。その効果は確実に現れており、大気、水、土壌などの周辺の環境や生物体内蓄積に関する調査では、ダイオキシン類濃度に低減が見られ、問題視されている母乳中の量も確実に減少傾向にある。

しかし、非意図的生成物であるダイオキシン類の汚染は、途上国において今

後ますます進行する恐れがある。なぜなら、近年急速な経済発展が進み、人口増加の著しいアジアの途上国では、社会のグローバル化の弊害として、新たな廃棄物問題が浮上しているからである。これまで伝統的に利用してきた生活用品の多くは生分解性を有する天然の素材（草木の葉や素焼きの器など）がほとんどであったため、不要になれば土に還元することができた。しかし、新たに移入された非生分解性のプラスチック類も同様な方法で扱うために、至る所に廃棄物が山積する状況を作ってしまっているという。都市ゴミ集積場においても、日々多くの廃棄物が投棄され、自然発火や意図的焼却により低温で燃焼されているために、これに伴うダイオキシン類の発生が予測され、周辺環境への汚染の拡大も懸念されている。

また先進諸国では製造・使用の禁止になっているPCBを用いた電化製品が中古品として途上国に出回ることにより、それらが無造作に廃棄されると、地球規模の汚染を作り出す状況を招いている。つまりⅣ-1でも触れたように、有機塩素系化合物は揮発・移動・拡散性を示すため、汚染源である高温域の途上国では気化して大気中に流れ込み、やがてこれらの最終集積地である高緯度海域にたどり着いて下降し、そこに棲む野生生物の免疫機能等の低下や大量死の原因となっているという。加えて、疫病の媒介する病害虫の発生を防止するための殺虫剤等も散布されているため、その汚染の影響も免れない。

このように汚染危険度の高い状況にありながら、途上国のゴミ集積場における有害物質汚染調査はほとんど行われておらず、ヒトへの暴露影響を評価した研究も見当たらない。しかし、ゴミ集積場周辺には多数の住民が居住しているだけでなく、成人に加えて多くの子どもがゴミ拾い（waste-picker）として働いていることから、若い世代における有害物質の曝露が進展していることは確実であると思われる。さらに途上国に住む人々の母乳についても、有機塩素系化合物による汚染が顕在化している可能性が示唆される。

愛媛大学沿岸環境科学研究センターの田辺らは、カンボジア、インド、ベトナム、フィリピンなどのアジア途上国の都市ゴミ集積所およびその他の地域で

採取した土壌のダイオキシン類ならびに母乳中のダイオキシン類やその他の有機塩素系化合物に関して、その汚染実態調査を2001年に行っており、途上国の現状を把握するための貴重な資料になる。

まず土壌汚染に関しての結果を見ると、調査したアジア途上国における都市ゴミ集積場内およびその周辺で採取したすべての土壌試料から、ダイオキシン類が検出されたという。また、この途上国の都市ゴミ集積場内の土壌におけるダイオキシン類汚染濃度は、先進諸国の焼却施設周辺および都市・工業地域の土壌に関する文献値と比較すると、ほぼ同等の高い値であることが認められ、途上国の都市ゴミ集積場は、先進諸国に匹敵するダイオキシン類汚染源であることが発覚したのである。特に、カンボジアやフィリピンの土壌汚染度は高く、カンボジアの都市ゴミ集積場内の土壌は、日本の環境基準値1,000pgTEQ/gを超えるほどの高濃度のダイオキシン類が検出されたという。

また、途上国のゴミ集積場付近に住む人々の母乳試料からもダイオキシン類が検出され、その汚染濃度は脂肪1g当たり、インド；38pgTEQ＞ベトナム；12pgTEQ≧フィリピン；11pgTEQ≧カンボジア；10pgTEQの順であったという。つまり、途上国における都市ゴミ集積場は明らかなダイオキシン類発生源となっており、その影響は周辺住民の母乳汚染にまで確実に及び、特にインドの状況が顕著であることが認められた。

さらに途上国におけるこれらの値を先進諸国の場合と比較してみると、インドの母乳のダイオキシン汚染は、世界的にみてもかなりの高い値であり、日本、ドイツ、イギリス、フランス等の先進国よりも高く、さらに極めて高値であると報告されているノルウェーやフィンランド等の北欧諸国に匹敵するほどの値であった。一方、ベトナム、フィリピン、カンボジアは先進諸国より低い値を示し、他の途上諸国と同程度の値であったといわれるが、現状を見る限り、今後これらの途上国における値が上昇に傾く可能性は否めないと思われる。

第VI章の冒頭でも述べたように、先進諸国の場合、ダイオキシン類は98％以上が食事から摂取され、大気からはわずか1.1％であると推定されている。そこ

で、これらの途上国においても、ダイオキシン類が体内に取り込まれる経路が検討された結果、国により次のような違いが見られた。インドの場合、ゴミ集積場内に牛などの家畜が飼育されており、ゴミ集積場付近の住民は、場内で発生したダイオキシン類によって汚染された食品からその曝露を受けている可能性が示唆された。一方、高濃度の土壌汚染が認められたカンボジアやフィリピンでは、ゴミ集積場内で家畜を飼育されていることはないため、周辺住民がダイオキシン類に汚染された食物を摂取する可能性は低いと考察されている。

　これまで、ベトナムの枯れ葉剤や台湾の油症事件のような例外的現象を除けば、ダイオキシン類の汚染は先進国の問題として扱われてきた。しかし田辺らの調査結果は、ダイオキシン類汚染問題が途上国にも存在することを示唆している。またⅥ－3の冒頭で述べたように、先進諸国ではダイオキシン類汚染に対する種々の対策が講じられてきた結果、母乳のダイオキシンレベルも着実に減少傾向にあると報告されている。しかし、このようなアジアの途上国のように、現在全くダイオキシン類の排出源対策が取られていない地域では、今後さらにダイオキシン類汚染の状況が悪化し、そこに住む人々の母乳汚染濃度も上昇する可能性は充分に考えられる。

　田村らは、母乳に含まれるPCBや殺虫剤のDDTおよびHCHの汚染濃度も調査し、アジアの途上国ではダイオキシン類以外の有機塩素系化合物による母乳汚染も深刻化していることを報告している。まず、脂肪1g当たりのDDT汚染濃度は、ベトナム；2,200ng＞カンボジア；1,500ng≫インド；450ng＞フィリピン；200ngの順であり、ベトナムとカンボジアが極めて高く、これは先進諸国の4～5倍の値に相当するほどであった。ベトナムではマラリア対策など公衆衛生を目的にしたDDTの使用が主な原因と考えられ、カンボジアの場合は、公衆衛生以外にも、魚類の寄生虫駆除にDDTが使用されており、魚類の汚染実態調査でも高いレベルのDDTが検出されているという。

　HCHの脂肪1g当たりの汚染度は、インド；720ng≫ベトナム；80ng＞カンボジア：11ng≧フィリピン；10ngの順であり、圧倒的にインドの汚染が顕著で

あることが分かる。インドでは、野生生物の調査においても高濃度のHCHが検出されており、この薬剤が今なお使用されているものと推察される。HCHや先に述べたDDTがフィリピンにおいて比較的低値である理由は、1970年代以降にフィリピン政府が、DDTやHCH等の有機塩素系農薬の生産・使用・輸入・販売を厳しく規制した効果が反映されたものと考えられる。

PCBの脂肪1g当たりの汚染度は、ベトナム；140ng＞インド；120ng＞フィリピン；80ng＞カンボジア；50ngの順であり、400ngである日本に比べると低値であるが、ベトナムが他の途上国よりも高い値を示していた。汚染源は不明であるものの、ベトナム戦争当時、旧ソ連や欧米から持ち込まれた兵器、軍用機、戦闘車両、電気機器などに使用されたPCBの漏出が疑われている。

以上の報告からも判断できるように、先進国と途上国の母乳汚染を比較すると、殺虫剤のDDTやHCHによる汚染は、現在も使用が認められる途上国の方が明らかに高いことが分かる。またPCBの場合は、今のところ先進諸国の方に汚染が顕在化しているものの、最初に述べたような途上国における新たな廃棄物問題の現状を考えると、今後途上国での汚染が急速に拡大する可能性が考えられる。このように現在の途上国では、有機塩素系化合物に高度に汚染された母乳が乳児の健康に与える影響が懸念される域にまで達しているものと思われる。

それでも感染症の蔓延する途上国では、人工乳が栄養成分や安全性に問題があるばかりでなく、水等の衛生上の諸問題からも調整粉乳が病原微生物に汚染される危険度も高くなっていると考えられ、母乳哺育が不可欠であると考えられている。そのためには、途上国では母乳中の有機塩素化合物の低減するための対策を進めるとともに、栄養学視点も含めた母子教育を充実させる必要がある。また母乳の汚染濃度を安全なレベルにまで低減させるには、技術や資金援助を含めた先進国の国際協力・支援が必須であると思われる。

なお、一般に途上国では生後3カ月までは母乳栄養のみ、生後6～9カ月に離乳食を付加し、2歳までは母乳哺育を継続することが奨められている。ユニセフでは病産院への粉ミルクの無料配布を全面的に禁止し、「母乳哺育成功のた

めの10カ条」を採用し、母乳推進を行う病院を「赤ちゃんにやさしい病院 (Baby Friendly Hospital)」として認定している。世界で3,000カ所以上の病院がすでに認定を受け、都市部における母乳推進に大きな役割を果たしている。母乳栄養がよく普及している地域においても、妊産婦死亡や母親の病気などにより、乳児期前半から人工栄養を行っている乳児の発育に充分な注意が必要であると言われる。

Ⅵ-4　残留性有機汚染物質（POPs）条約

　Ⅵ-3で述べてきたように、残留性の高い有機塩素系化合物によるヒトや野生生物の汚染は地球規模で広がっているため、もはや一部の国々の取り組みではその解決が困難であり、今後は国際的に協調してこれらの汚染物質を廃絶・削減する必要性が高まってきた。そこで国連環境計画（UNEP）が中心となって進めてきた、法的拘束力を有する国際条約として、2001年5月に「残留性有機汚染物質（POPs：Persistent Organic Pollutants）に関するストックホルム条約」が採択された。当面、環境中で残留性が高いPOPsの中で、意図的生成物のPCB、DDT、クロルデン、トキサフェン、アルドリン、ディルドリン、エンドリン、ヘプタクロル、マイレックスの9種類および非意図的生成物のダイオキシン類、ベンゾフラン、ヘキサクロロベンゼンの3種類の合計12種類の物質が対象になっている。

　POPs条約は、これらの化学物質に関し、国際的に協調して製造・使用の禁止、排出削減、適正処理などの対策を行うことを義務づけることにより、地球環境汚染を防止することを目指すものであり、50カ国の批准により発効することになっている。我が国は、2002年8月30日に条約に加入しており、2002年末までに、24カ国（日本、アイスランド、アラブ首長国連邦、オーストリア、オランダ、カナダ、北朝鮮、サモア、スウェーデン、スリランカ、スロバキア、

チャコ共和国、トリニダードトバコ、ドイツ、フィジー、フィンランド、ベトナム、ボツワナ、南アフリカ、ナウル、ノルウェー、リベリア、ルワンダ、レソト）が締結済みである。POPs条約の概要を以下に示す。

1）目的
　リオ宣言15原則に掲げられた予防的アプローチに留意し、残留性有機汚染物質から、人の健康の保護および環境の保全を図る。
2）各国が講ずべき対策
　① 製造、使用の原則禁止（アルドリン、ディルドリン、エンドリン、クロルデン、ヘキサクロロベンゼン、マイレックス、トキサフェン、PCBの9物質。PCB含有機器については、使用期限および処理期限を設定）。
　② 製造、使用の制限（DDT。DDTはマラリア対策用のみ限定使用可）。
　③ 非意図的生成物質（ダイオキシン類、ベンゾフラン類、ヘキサクロロベンゼン、PCBの4種）の排出の削減。
　④ ストックパイル（在庫品・保管物）・廃棄物の適正管理および適正処理（POPsを含むストックパイルについて、実際的範囲での所在確認、適正処理を行う）。
　⑤ その他の措置
　　・新規POPsの製造・使用を予防するための措置
　　・POPsに関する情報公開、教育等の実施、排出量・廃棄量の把握・公開等
　　・POPsのよる影響評価・排出抑制技術等の調査研究、モニタリングの推進等
　　・途上国に対する技術・資金援助の実施

POPs条約の第11条では、POPs物質のヒトおよび環境中での存在を明らかにするために、環境モニタリングを実施することを求めている。また環境モニタ

リングデータは、条約の対策面での有効性の評価（第16条）を実施する上での貴重な情報源としても利用されることになる。そこでUNEPが中心となり、国際的に比較可能な環境モニタリングデータを得るための検討が2003年の春から本格的に開始されている。すでに地域レベルでは、北極圏、欧州域、北米などにおいて、環境モニタリングに関する国際的な協力体制が構築されているが、我が国が属する東アジア地域においては、このような仕組みはまだ整備されていない。このため、東アジア諸国における環境モニタリングの専門家および行政官が一堂に会し、同地域におけるPOPsの汚染実態の把握およびそのために必要な環境モニタリングのあり方等を議論することにより、将来的な協力体制を構築してゆくことを目的として、2002年12月に「東アジアPOPsモニタリングワークショップ」が東京で開催された。

　今後、環境庁の対応としては、東アジア諸国と連帯しつつ、POPsの関する環境モニタリングのネットワーク化を進め、同地域におけるPOPsの環境汚染状況の解明に取り組んでゆくとともに、UNEPを中心とした国際的な取り組みに

も積極的に貢献してゆく予定にしているという。
　POPsは、ほとんどの先進国においてその生産が中止されているものの、一部の途上国では現在も使用が続けられているため、環境汚染は今なお拡大し続けている。従って、POPs問題の本質は、先進国のみならず、途上国にもあると言える。POPs条約が締結されると、有機塩素系化合物の環境汚染レベルは確実に低減することが期待できるため、今後特に途上国においては、POPs条約締結等の国際対応を進めてゆく必要があると思われる。

第VII章
環境ホルモン防止策

　環境汚染が発覚したために、これまで使用禁止に至ったDDT、DES、PCB、フロンなどの化学物質は、いずれも世の中に出現したときには人々から絶賛を受けて迎え入れられていたものばかりである。従って、因果関係がはっきりしないからと言って、便利さだけを追求して環境ホルモンと疑われている化学物質を使い続けていると、化学物質がもたらした歴史的惨事が語るように、後になってから取り返しもつかない事態に発展してしまう可能性も否めない。

　環境ホルモンの悪影響の有無をはっきりさせるためには、まず信頼性のある科学的データーの集積が第1前提として必要になる。しかし、同時に確たる因果関係を突き止めるまでは、断定を控えねばならぬことが科学研究の持つ宿命として受け止めなければならない。また、ある化学物質の毒性を証明するのは比較的容易であると言われるが、毒性がないことを立証するのは至難の業であり、これらに関する適切な科学的根拠を蓄積するためには、当然莫大な時間と労力を要すると思われる。

　だからと言って、その答えが出るまで、我々は身の回りの化学物質に全く無関心に暮らすことはできないので、なるべくその影響を回避するための心構えを持たねばならない。一方で、現在環境ホルモンとして疑われている化学物質のすべてと断絶した生活を送ることは、もはや不可能な状況に我々は暮らしているため、それらと上手につき合う方法を思案することも必要になってくるであろう。

そこで本章では、まず個々人が実践できる環境ホルモン汚染から身を守る方法を述べ、快適な生活を守るための1つの参考にしていただきたいと思う。次に、これまでの問題材料を見直す視点から、脱塩素化素材を中心とした「代替材料」の開発の現状を述べることにする。さらに、環境保全・循環型社会構築の上で最も注目される素材の1つである「生分解性高分子」について説明し、その有効利用を具体的に解説しようと思う。最後に、ダイオキシン類を極力発生しない最新の焼却技術開発について紹介する。

VII-1　個々人が実践できる環境ホルモン汚染から身を守る方法

便利さや快適さを求めて人間が作り出してきた化学物質が蔓延している日常生活の中で、環境ホルモン様物質に触れないで過ごすことはもはや不可能に近いことであるが、それでもちょっとした気配りや心掛けで、極力回避できる方法を見いだすことはできる。そこで、個々人でも実践できる環境汚染から身を守る方法を、以下の7点にまとめてみようと思う。特に妊娠中の女性や乳幼児に対しては、これらの心構えを積極的に実践に移さねばならなければならないと思われる。

1）プラスチック製品はなるべく使用量を減らし、またやむを得ず使用する場合にもその使い方に充分に注意する。

　安くて、軽くて、丈夫であるというプラスチックのメリットは、ゴミ処理の観点から見れば、すべてがデメリットに転じてしまう。安くて軽いために、プラスチック製品は容易に使い捨てされがちであり、また丈夫であるために、廃棄物になったときにはその処理に手間が掛かってしまう。従って増え続けるプラスチック製品の使用に歯止めを掛けることは、環境ホルモン対策の面からも、ゴミ減量の面からも、極めて重要な課題であると言える。そこで、

どのようなプラスチックの使用を避けるべきか、またプラスチック製品とどのようにつき合うべきか、その工夫点を具体的に示してみた。

① 発泡スチロールなどのプラスチック容器に入った食品をなるべく買わないようにする。

② カップ麺やインスタント味噌汁など容器入りの食品は、プラスチック製のものを避け、紙容器製のものを選ぶ。

③ 哺乳瓶はプラスチック製ではなく、ガラス製のものを選択する。また赤ちゃんの歯固めやおもちゃのプラスチック製品のものは、ポリエチレン製のものを選択し、可塑剤のフタル酸化合物の溶出の恐れがあるものは絶対に避けるべきである。なお、V-2の可塑剤の項目で述べたように、厚生省（現厚生労働省）は食べ物に直接触れるものや、子どもがなめることを目的にしたおもちゃにフタル酸（2-エチルヘキシル）の使用を禁止している。

④ エポキシ樹脂でコーティングされた缶詰の内側からビスフェノールAが溶出することもあるので、古くなった缶詰は、妊娠した女性や乳幼児は食べない方がよい。

⑤ ポリカーボネート製の食器は極力避け、特に学校給食からは追放する。

⑥ ペットボトルや食品トレーなどプラスチック製品でリサイクルに回せるものは、分別回収に協力する。

⑦ 色が鮮やかなプラスチック製品には、着色料として水銀、鉛、カドミウムなどが使われていることがあるので、これらの製品を極力買わないようにする。

2）環境ホルモンを避ける安全な食生活を心掛けるために、ホストハーベスト農薬の気になる輸入農産物、また加工食品や缶詰製品を極力食さないように心掛ける。

　輸入農産物には、収穫後も長持ちさせるために、マラチオンやベノミルなどの環境ホルモンの農薬を散布している場合が多い。このホストハーベスト農薬

は残留量が多くなり、化学物質の及ぼす危険性はますます高まると言えよう。

　一般に農作物はフードマイレージが短いものほど新鮮で、保存のための農薬使用量も少ないと考えられるため、できるだけ農産物の地産地消を実現することが最も望ましい。しかし日本の自給率は極めて低く、先進諸国の中での最低であることから、自国の農地と農村を大切にして、自給率を向上させる努力をすることが先決になると思われる。

　加工食品や缶詰製品の場合は、輸入原材料の農薬汚染と容器・包装からの化学物質の溶出による複合汚染が懸念されている。環境ホルモンの相乗作用が及ぼす危険性を考慮すると、これらの食品もできるだけ避けた方がよいと考えられる。

3）偏食を避け、バランスのよい食事を摂取するよう心掛ける。特に食物繊維、クロロフィル（葉緑素）の多い緑黄色野菜を積極的に食べるようにする。

　日本人の場合、ダイオキシン類やPCBは圧倒的に魚介類から摂取していると言われる。しかし、魚介類はDHA（ドコサヘキサエン酸）やEPA（エイコサペンタエン酸）など疾病予防に重要な脂肪酸が含まれているため、これを回避することよりも、汚染度の低いものを選択することが望ましいと考えられる。例えば、ダイオキシン類は沿岸部に沈降すると言われるため、沖合を回遊するマグロ、カツオ、サケ、サンマなどはほとんど心配ないと考えられる。近海魚であっても、沖合で獲れたものは、化学物質による汚染がかなり少ないと言える。またダイオキシン類は内蔵を最も汚染するので、はらわたは食さない方が望ましい。

　汚染された土壌で栽培された野菜や果物にも注意を払わねばならない。ただし、ダイオキシン類は脂溶性が極めて高く、植物に根により吸収されないため、農作物内にダイオキシン類が入り込む心配はないと言われている。そこで、農作物についた土や泥はよく洗い流し、皮を剥いて食べればよいと思われる。

　一方、Ⅳ-3でも述べたように、ラットを用いた動物実験により、食物繊

維やクロロフィル（葉緑素）は腸管循環中のダイオキシン類を吸着して糞便中に排泄する効果を持つことが明らかにされているため、これらを多く含む緑黄色野菜類を積極的に食す必要あると思われる。また、茶のカテキンやキノコに含まれる高分子多糖類は、ダイオキシン類の毒性発現を抑制する作用を持つことが知られている。

　実際には、魚介類、乳製品、肉類、卵、野菜、果物等のどの食品の汚染度は、それらが食卓に運ばれてくる全ルートを把握しなければ正確には認識することはできない。従って、特定の食品だけを摂取したり偏食することは避け、あらゆる種類の食品をバランスよく少量ずつ食べることにより、環境ホルモンの汚染リスクを分散させることが最も賢明な選択であると思われる。

4）大気、水、土に充分注意し、うがいや手洗いを習慣化する。

　日本においても、河川やその水底土壌およびそこに棲む魚からビスフェノールAが検出されている。また井戸水は、地下水が汚染されている場合があるので、特に水田が側にある場合は注意が必要である。なぜなら、日本の水田にはかつて多量の有機塩素系農薬が散布されたので、ダイオキシン類や有機塩素系化合物が分解されないまま残留しているからである。従って、水田土壌にも注意が必要であるのは言うまでもない。飲料水に対する対策としては、活性炭のフィルターを通し、特に汚染の気になる井戸水などは蒸留して飲むようにするとよいと思われる。

　一方、化学物質の多くは気化しやすい性質を有しているため、大気中にもガス状の汚染化学物質が浮遊して拡散している可能性が高い。これに対する対策としては、手洗いやうがいを習慣化することが手軽にできる自衛策である。

5）殺虫剤、防かび剤、抗菌剤を極力使用しないようにする。また抗菌製品の扱いにも注意する。

　家庭用の殺虫剤、衣料用防虫剤、防カビ剤には農薬と同じ成分が含まれているものも存在する。従って、これらを乱用すると、大気や水に混ざって直

接体内に入り込む可能性がある。生物を殺す目的で用いられる殺虫剤、防虫剤はヒトに対しても有害であることを忘れてはならない。さらに環境ホルモン汚染という視点も考慮するならば、その危険性はますます高まることになり、思わぬ害を被る前に、これらの製品の乱用は極力慎むべきである。

　近年の「清潔志向」に加え、1996年に起きた大腸菌O-157の影響により、「抗菌製品ビーム」に拍車が掛かっている。つまり台所・調理用品・食器をはじめとする一般家庭用品や特にその効果の必要のない文具・雑貨、衣料品にまで、抗菌作用を持たせるものが出現している。抗菌剤には銀、銅、金、亜鉛などの金属が含まれており、これらが少しずつ溶け出すことにより、抗菌効果を発揮する仕組みになっている。しかし、この仕組みがプラスチックの原料や添加物の溶出も容易にしているため、抗菌剤を使用したプラスチック製品の扱いには特に注意が必要である。

6）基本的に母乳は避けない方がよいが、高齢で初めて出産をする女性は、母乳より代替乳を与える比重を大きくした方が望ましい。

　Ⅵ-2で述べてきたように、母乳はダイオキシン類等の汚染が気になるところであるが、母乳哺育のメリットを積極的に生かす方が望ましいとされている。ただし、高齢で初めて出産する女性の場合は、体内に蓄積されて化学物質の量が多いと考えられるため、母乳より代替乳を与える比重を高めた方が無難である。また、出産前に極端なダイエットをした人も、体内で化学物質が濃縮されている可能性があるので、同様の注意が必要である。

7）大量消費・大量廃棄型のライフスタイルの見直しをする。

　1）～6）に述べてきたことは、便利さや物質的豊かさに流された現代人がどっぷり浸かっている大量消費・大量廃棄型のライフスタイルを見直すことにほかならない。同時に、このような状況を作り出してきた社会全体のシステムを改善する必要があることは言うまでもない。環境ホルモン汚染が、取り返しのつかない事態にまで発展することのないように、まず一人ひとりの心掛けが何よりも大切であると思われる。

とはいえ、あまり悲観的になったり、無理を強いるようでは長続きしないので、個々人のペースに合わせて楽しみながら日々の生活の中に環境への配慮を取り入れてゆく形が望ましい。その実践の手助けとして、著者がまとめた『エコマンがやってきた──身近な環境問題を考える読み物──』および『いのちゃんと考えよう"エコライフ"──身近な環境問題を考える読み物 2──』（いずれも三恵社、2002年出版）が参考になるので、一読していただければ幸いである。

VII-2　代替材料の開発

　環境ホルモン問題が急浮上して以来、身近な生活関連物質に対する消費者の姿勢も厳しくなり、企業側も疑いのある材料に対しては、より安全な材料の開発を目指して、日々研究が続けられている。現在進められている代替材料に関する研究の中で、最も多いものが焼却時にダイオキシン類が発生にくいとされる「脱塩素化素材」である。以下に、代表的な代替材料を簡単に紹介する。

(1) 塩ビの代替

　家庭で用いられるラップフィルムの原料は、塩化ビニリデン（$CH_2=CCl_2$）と塩化ビニル（$CH_2=CHCl$）の共重合体である。このフィルムは食器によく粘着するように、10〜40％もの可塑剤が含まれており、その他、酸化防止剤や安定剤なども使われている。よって脂肪を含んだ食品を包んだり、電子レンジで熱を加えたりすると、ラップから可塑剤が溶け出して、食品に移行してしまう。

　最近では、ダイオキシン発生の問題から家庭用のラップとして、ポリエチレンやポリプロピレン製のものが増えてきている。ポリエチレンフィルムのラップには、粘着性を付与するために、植物油などが添加されている。ポリエチレンやポリプロピレン製フィルムの欠点は、加熱に弱いことであり、70〜90℃で

変形し、150℃くらいで融け出すので、油の多い食品を包んで電子レンジ加熱する調理には不向きである。よって非塩素系のラップが開発されたものの、使い勝手は塩ビ製のものに劣ってしまうため、現在の生産量は停滞あるいは減少傾向になっているようである。これは、環境ホルモンの実情が未だによく分かっていないことと、その影響を体得しにくいために、消費者の間で環境ホルモンに対する意識が低下してきていることを物語っているのかもしれない。一方、加熱に強くて粘着性のある非塩素系フィルムも開発・販売されており、その動向に期待したい。

(2) 可塑剤の代替

　可塑剤の中で最も毒性の高いものが、フタル酸ジ（2-エチルヘキシル）(DEHP) である。これは油や熱によって簡単に溶け出すことから、食品包装用ポリ塩化ビニルの可塑剤には使用されていない。

　しかし我が国では、1999年に市販の弁当や病院の食事からフタル酸ジ（2-エチルヘキシル）が検出され、その原因は、調理時に使用されたポリ塩化ビニル製の手袋から出ていることが判明した。そこで、2000年6月に厚生省（現厚生労働省）は、食品関係者や給食を作っている学校に、調理時にポリ塩化ビニル製の手袋を使わないよう指示した。また手袋メーカーには、ポリ塩化ビニルの可塑剤として、フタル酸ジ（2-エチルヘキシル）を使うことを避けるように通達している。

　現在、フタル酸ジ（2-エチルヘキシル）に代わる可塑剤に関する研究が進められている。特に、医療用可塑化塩ビに用いられる可塑剤は、ベンゼン環を有していても溶出度の低いものや、血液と接触したときに生じる溶血性を下げた「クエン酸系可塑剤」などが研究されているが、高価であるため、実際の医療現場では使用されていない。

(3) 缶詰の内側のコーティング剤の開発

　缶詰の内側にコーティングしているエポキシ樹脂は、缶詰製造時の加熱殺菌処理により、ビスフェノールAが溶出する可能性があり、また油漬けの缶詰などの場合にも油の中に溶け出すことが考えられる。エポキシ樹脂による塗装は、漆器様に仕上がるので、箸や茶碗にも使われており、それらからのビスフェノールAの溶出も懸念される。従って、エポキシ樹脂系コーティング剤からビスフェノールAの溶出量を低くするために、コーティング法を改良したり、ポリエチレンテレフタレート樹脂（PET）を貼り合わせたラミネート缶の開発が我が国で進められている。

(4) 有機スズの代替

　日本政府は、1990年から船底塗料や漁網の防腐剤としてのトリブチルスズの国内生産および使用を段階的に減らすように指導しており、それを受けて、塗料業界は研究開発を重ね、銅などの代替材料を開発している。一方、旭電化工業㈱により、ハロゲン含有の非対称スルフィドを用いた新規低毒高活性防汚剤アディカロイヤルガードAF‐427が開発された。これは優れた防汚効果と魚類や環境への負荷も少ない安全性を兼ね備えていることから、今後の市場動向が期待されている。

Ⅶ-3　生分解性高分子の有効利用

　日本で生産されるプラスチックは、現在年間1,500万トン（2002年）にものぼり、しかもその60％が廃棄プラスチックとなる現状にある。プラスチックは使用時には「丈夫で長持ち」という性質がメリットになるが、廃棄時には自然環境中で容易に分解されないために、これがデメリットに転じてしまう。例えば、廃棄プラスチックを埋め立て処理すると埋め立て地確保の問題や、土壌中にお

ける二次的汚染も心配され、また焼却処理するとダイオキシンの発生が懸念されるなど、環境保全の面から様々な問題が生じてくる。そこで、廃棄プラスチック処理の問題解決策の1つとして注目される素材が「生分解性高分子(Biodegradable Polymers)」である。

生分解性高分子は、1)環境分解性(Environmentally)と2)生体吸収性(Bioabsorbable)の2つの意味を持つ。

1)は、通常の環境中では安定であるが、土壌中や水中(海水・淡水)の様な微生物が多数生息する環境下に置かれたときに、微生物が菌体外に分泌する酵素によって物理的に生分解を受けることを意味し、この用途には、生活資材や繊維・農業・漁業用プラスチック等が挙げられる。汎用プラスチックであるポリエチレン、ポリプロピレン、塩化ビニルなどは、大気、水、土壌などの環境に長時間放置してもなかなか分解しないが、生物が合成する天然高分子材料やこれに類似するポリエステル系の高分子は、微生物によって容易に分解される「生分解性高分子」として機能する。

2)は、生体内で分解吸収されることであり、医用材料(生体吸収性縫合糸、人工皮膚、骨折補強剤、徐放性医薬など)として利用される。生体は自己以外の人工材料の侵入に対しては、その防御作用として常に異物炎症反応を起こすことにより、それを排除するとともに、侵入部位の修復を図ろうとする性質がある。よって生体内に人工材料が埋没されている限り、炎症反応は発生し続け、組織治癒は進まずに様々な問題を引き起こす可能性があるので、炎症を引き起こさない代替材料が求められるのである。生分解性高分子は、生体に埋入された初期段階だけ生体内に存在し損傷の回復を助け、生体器官が修復された時点で分解吸収されるものであり、医用材料として理想的な素材であると考えられる。

1990年代に入ると、環境保全に向けた社会的要請に対応して、各企業は生分解性高分子の開発に参入し、またそれぞれの材料の特徴を生かした用途開発も進められており、特に「生分解性プラスチック」としての応用研究は盛んな分野の1つである。生分解性プラスチックとは、生分解性プラスチック研究会

（BPS）によれば、「従来のプラスチック同様に使用でき、使用後は自然環境中の微生物の働きにより、低分子化合物に変化し、最終的に水と二酸化炭素に分解されて、自然に還るプラスチックの総称」と定義される。生分解性プラスチックは適度な耐久性を有するためにリサイクルが可能であり、廃棄物になった時点でも、自然界の物質循環を損なうことなく、容易に安全に処理される理想的な素材である。この生分解性プラスチックは大別すると、①微生物産生系、②化学合成系（石油系、植物系）、③天然物系がある。

ここでは、環境ホルモン・ダイオキシン汚染抑止に繋がると思われる開発例を取り上げながら、生分解性プラスチックの応用と実際を紹介しようと思う。一般に環境ホルモン関連書物では、生分解性高分子に関する記述はほとんど見られないので、本書では少し詳しく取り上げようと思う。

(1) 澱粉由来の生分解性プラスチック

1989年イタリアのNovamont社によって開発された「マタービー"MaterBi"」は、澱粉由来の生分解性プラスチックである。1990年から商業生産が開始され、我が国では日本合成化学㈱がマタービーを輸入販売している。マタービーの主成分は澱粉であり、副成分として生分解性を有する合成高分子のポリビニルアルコール（PVA）もしくは脂肪族ポリエステル系樹脂が配合されている。

マタービーのプラスチックとしての特徴は次のようなものが挙げられる（図Ⅶ-3-1）。

1）微生物が生育する環境条件であれば、好気性か嫌気性かを問わず、分解が遂行する。
2）汎用プラスチックと同様の機械的性質を有する。
3）プラスチック加工の既存設備がほとんどそのまま使用できる。
4）廃棄物になった後、各種の廃棄物処理に優れた適正性を示す。
　① リサイクル：単独で4回以上の回収が可能であり、混合リサイクルも可能である。

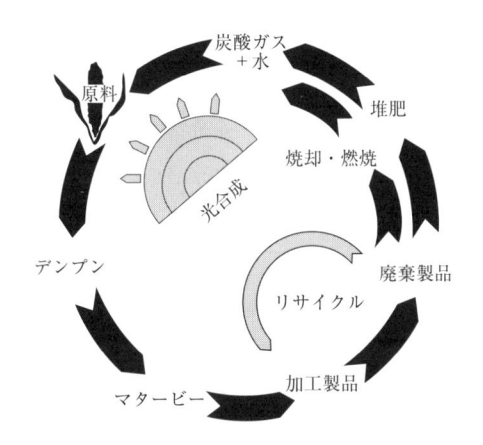

図Ⅶ-3-1　自然界の炭素循環サイクルとマタービー
出所：宮本武明ら『21世紀の天然・生体高分子材料』CMC出版（1998）

② 焼却処理：燃焼熱が低いために、焼却炉に与える負荷が小さく、ダイオキシン等の有害物質の排出を抑制できる。

③ 堆肥化：生ゴミと同様に堆肥（コンポスト）化が可能であり、生ゴミから有機肥料を作る装置中に投入した場合には素早く分解し、有機肥料の質に影響を与えない。

5）野生の陸上・海洋哺乳類が誤って摂取してもほとんど危害を生じない。

マタービーは広範囲な用途に適用するように、いくつかのグレードが開発されている。そこで、マタービーの用途開発の具体例を以下にいくつか紹介することにする。

① コンポストバックへの利用

家庭内、事業所、地域社会から日々多量に排出される生ゴミは、種々の有機物を含むため、これをコンポスト化して、リサイクル資源として生かすことが求められる。なぜなら、水分量の多い生ゴミを燃焼処理すると、炉などの燃却処理設備に負担がかかるだけでなく、低温焼却によりダイオキシンなど有害なガスを発生する可能性が指摘されているため、コンポスト化は環境保全面で最も有用な手段であると考えられているからである。この生ゴミを

回収する際、分別収集袋も同時に堆肥化するという視点に立って開発されたのが「コンポストバック」である。
　1994年から95年の2年間にわたり、通産省は、「生ゴミの再資源化」と「生分解性プラスチックの実用化促進」という2つのテーマを掲げたモデル事業を広島で実践した。マタービーで作られたコンポストバックは、その実用性において充分な成果を上げている。つまり、コンポストバックはゴミの運搬過程では実用的なフィルム強度を発揮するが、集積後コンポストプラント運転中には順調にフィルム強度が低下し、短期間で微生物に完全分解されることが確認されている。また、このような過程を経てでき上がったコンポストとしての品質は非常に良好であり、農林水産省の推奨する「有機肥料に関する堆肥の推奨基準」を充分に満足する結果が得られていた。
　ヨーロッパ諸国では、自国の環境保護意識が強く、埋め立て処理率も高いために、生ゴミのコンポスト化が普及する土壌を有している。ドイツ、オーストラリア、ベルギー、デンマーク、オランダなどでは生ゴミの85％がコンポスト化されており、ドイツでは580カ所以上のコンポストプラントが稼動しているという。またコンポスト計画を法律化している国々もあると聞く。従って、ヨーロッパ諸国では、コンポストバックの材料として、生分解性プラスチックの活用に期待が集まっている。実際に認証審査機関が主体となって、生分解性プラスチックの世界規模での実用規格、ラベリングシステムが運営・構築されつつある。コンポストバックのロゴマークは、コンポストバックとしての性能・役割を果たすことを認証されるものであるが、マタービーを使用したコンポストバックはすでにこのマークを取得しており、ヨーロッパ各国で市販されている。
　一方、日本ではコンポスト化に対するインフラ整備が遅れており、長崎にハウステンボスや群馬県板倉町など、全国で20～30の自治体での実施にとどまっている。

② 農業・緑化土木・水産関連分野における用途

　資源循環型社会では、「資源節約」、「回収使用」、「再生使用」が環境保全のための必須行動であるとされる。しかし、自然環境中で使用される製品の中には、回収・撤去が物理的に困難であったり、経済的負担も無視できないことが多い。そこで、マタービーの本来持つ環境分解性を有効に利用して、特に農業・緑化土木、水産関連分野においての有効利用が期待されている。これらの用途に生分解性プラスチックを利用することで、環境保全に貢献した上で、回収・撤去の手間を省くことができ、その結果、トータルコストダウンという経済的効果も期待できる。この用途では、例えば農業用フィルムシート、土木用埋設シート、緑化用ネット、農園芸用フィルム、農園園芸用ポット、養殖用器具などに利用されている。

③ 発泡緩衝材用途

　コンピューターなど精密機器の個装運搬には欠かせない発泡緩衝材は、その廃棄処理が問題となっていたが、これもマタービーに代替する試みがなされている。マタービーを用いた緩衝材は物理的性能も汎用プラスチック製のものに匹敵し、現在一部ですでに利用されている。今後量産設備の改良と低価格化策が順調に進めば、一般的に普及することが期待できる。米国では、包装・梱包用のバラ状緩衝材として、生分解性プラスチックの需要が世界一であり、発泡スチロールの代替として広く利用されている。

(2) カニの殻から生まれた人体に優しい素材

　20世紀における大量生産、大量消費、大量廃棄の傾向を反省し、21世紀の社会では、物質資源を繰り返し再利用することにより、環境負荷を最小にし、省資源・省エネルギー化への一層の努力が求められている。その中でも、自然循環に取り込まれる「バイオマス（生物資源）」の有効利用は、地球環境を保全する上で不可欠であると言われている。

　キチンは、カニ・エビなどの甲殻類、カブト虫やコオロギなどの昆虫類、貝

類等の構造因子であり、カビ、酵母、キノコを含む菌類の細胞壁にも存在する多糖類である。キチンはセルロースにつぐバイオマスであり、構造的にもセルロースに類似し、水酸基がN－アセチルアミノ基に置換されている。キチンは分子内分子間で強固な水素結合を形成しているため、水不溶性であるが、適当な溶媒に懸濁するとプラスに帯電する。キトサンは、キチンを脱アセチル化したものであり、水溶性に変化する。植物構造因子であるセルロースは、木材、布、紙など人間社会の基本物質として広範囲に利用されるという長い歴史を持つが、キチンはこれまでバイオマスの観点から利用度が低かった。

しかし、近年、抗菌作用、免疫賦活作用、皮膚組織再生促進作用、コレステロール結合排泄作用、徐放性効果、腸内有用菌増加作用、植物成長促進作用などキチン・キトサンに関する様々な機能特性が報告されるにつれて、医用材料など様々な分野で応用開発され始めている。キチン・キトサンの有効利用について、以下に具体的に紹介する。

① 繊維としての利用

キチン・キトサンはセルロースに類似することから、セルロースと同様に直接繊維化することに期待が寄せられるようになった。この開発に成功すれば、廃棄されるバイオマスであるカニ殻の有効利用と、生分解性といった環境への配慮から社会的意義は大きいものとされた。キチン・キトサンはプラスに帯電するため、「マイナスイオン吸着能」を有するが、この性質は、再生繊維自体に大腸菌、黄色ブドウ球菌、白カビ菌などの細菌やカビに対しての「抗菌性・抗カビ性」を付与することになる。また天然高分子由来の保湿性の高さ、風合いも兼ね備えている。そこで、オーミケンシ㈱は、キチン・キトサンにセルロースを混合して、繊維化することに成功し、肌着、靴下、スポーツユニフォーム、寝装品、タオル、化粧雑貨、インテリア用品などに幅広く利用されている。

② 化粧材料への応用

キトサンは親水性ゲルを形成し、皮膚や毛髪との適合性はよく、無害であ

ることから、保湿剤として利用されたり、肌のケア剤、毛髪加工時の保護材、日焼け防止効果にも有効とされた。キチンの化粧品材料への利用としては、超微粒子に加工して、スクラブ効果を加速されるのに利用されている。

　近年のキチン・キトサンの化粧品への利用は、低分子量のキトサンを利用する傾向が強まっているようである。なぜなら、低分子量のキトサンは美肌効果が高いことに加え、シミの原因であるメラニンの生成を抑え、美白効果を示すことが明らかになったからである。メラニンは、紫外線やホルモンなどの刺激によって作られるが、これらの刺激が伝わると、まず色素細胞の中でアミノ酸の一種である透明なチロシンが生成され、これが酸化・重合を繰り返して最終的にメラニンに変化する。低分子量のキトサンは、メラニン生成経路の中で、最初のステップを左右する酵素チロシナーゼの活性阻害作用を有するため、耐紫外線効果を示すことが明らかになったのである。

③　医用材料への利用

　1970年、キチンの「創傷治癒促進効果」が、サメの軟骨を用いて初めて確認された。その後、ラットやウサギを用いた実験でもその効果が確認され、かつ副作用も示さないことが判明した。また1984年には、キトサンの酢酸溶液が火傷の治療に有効なことが報告された。しかも通常の火傷に対し、酢酸水は刺激を与えるが、キトサンの酢酸は、刺激を与えないだけでなく、「疼痛緩和効果」もあることが見いだされている。

　このような先駆的研究を受けて、キチン・キトサンを創傷被覆材などの医用材料として用いる試みがなされた。その結果、様々な形態のキチン・キトサン製材が開発され、その有効性が実際に応用の場で示されている。1989年に体表の80％を超える大火傷を負ったサハリンのコンスタンチン君が、超法規的に日本に転送され、一命を取り止めた事件は社会的に注目を集めたが、この治療に用いられた人工皮膚はユニチカ㈱の開発したキチン製材であった。その後もこのキチン製材の人工皮膚が、50万例を超える症例に提供されたという。

さらにスポンジ状や安定懸濁液など様々な形状のキチン・キトサン製創傷被覆材が開発されている。これらは単なる創傷被覆材としての機能だけでなく、驚異的な「創傷治癒促進効果」を持つことが明らかにされており、キチン・キトサン製材は、国内全家畜病院の70％において動物治療にも用いられている。

④ 機能性食品への利用

高分子のキチン・キトサンは体内で消化されないことから、食物繊維の一種と考えられている。さらに、血中コレステロール低下作用、脂肪吸収阻害、血圧上昇抑制、腸内代謝改善効果など、様々な栄養生理学的効果が報告されており、キチン・キトサンの「機能性食物繊維」としての利用が注目されている。厚生労働省は、キチン・キトサンを食品添加物として承認しており、現在、ビスケット、麺類などにも用いられている。

一方、キトサンの構成単糖である「グルコサミン」は、キトサンをさらに酸加水分解することで生成されるが、これが「変形性関節症」の治療・予防用の健康食品として、欧米を中心に脚光を浴びている。変形性関節症とは、関節軟骨が変形損傷することにより、強い痛みを伴うものであり、原因としては、加齢により、軟骨成分の合成能力が衰えるためであると言われている。そこで、関節軟骨の主要な構成成分であるグルコサミンを摂取することが治療や予防に有効であると考えられている。現在我が国でも50万人以上の人々が、変形性関節症の治療を受けていると言われ、治療に至らなくてもその予備軍を含めると相当に数に上ると予測される。間もなく超高齢化社会が到来することを踏まえて、グルコサミンがますます注目されるものと思われる。

(3) 納豆の糸を使った砂漠の緑化

世界人口は確実に増え続け、地球温暖化など様々な気象条件の変化に加えて、砂漠化の進行など種々の異変が起こり、食糧問題はますます深刻化してきている。砂漠化による生物生産性の低下は深刻な食糧不足をもたらす結果となり、

「飢餓」による人類存続の危機に繋がる可能性は否めない。そこで、乾燥地の農地を自然利用体型から人為的に利用管理された体型に変換し、食糧増産の基礎設備に繋げる砂漠の開発や砂漠の緑化事業の推進がグローバルな視野で捉えられるようになっている。

しかし、従来展開されてきた乾燥農地開発プロジェクトにおける保水剤は、アクリル系などの高吸水性合成高分子であり、これらは生分解性に乏しく、二次的な環境汚染に繋がることが懸念される。そこで、生分解性吸水樹脂を利用した新規の砂漠緑化事業の推進が注目されている。

我が国の伝統的な発酵性食品である納豆の粘質物中に含まれるポリグルタミン酸（PGA）はD－型のグルタミン酸がγ結合した生分解性のポリアミノ酸である。PGAは食用されていることからも分かるように、極めて安全性が高い。このPGAに放射線照射して合成されるPGA架橋体は自重5,000倍の水を吸収し、しかも土中の微生物により炭酸ガスと水に分解される環境保全型の生分解性吸水樹脂として機能するようになる。生成されたPGA架橋体は市販の吸水性樹脂と比較しても優れた吸水性を示し、各種塩溶液に対してもその優位性は維持されている。

このPGA架橋体の優れた機能特性を利用して、砂漠の緑化と食糧増産に役立てる「グリーンリサイクルシステム」が提唱されている（図Ⅶ－3－2）。培養土としての機能を果たすヘドロを主要基材にして、その中に種々の作物種子を

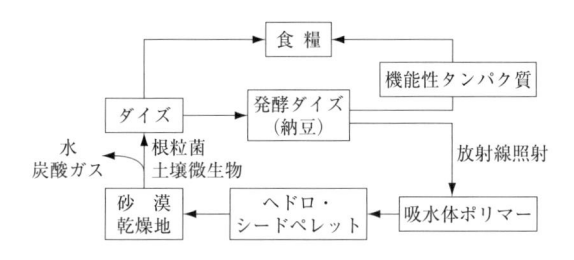

図Ⅶ－3－2　グリーンリサイクルシステムの概念図
出所：原敏夫『砂漠の緑化――高分子を利用した緑化――』高分子、49（2000）

混入して調整された「ヘドロ・シードペレット」にPGA架橋体を埋入し、これを砂漠地帯に散布して、穀物類（ダイズなど）を栽培する。そして収穫されたダイズは食糧として利用されるとともに、アレルギーフリーな機能性タンパク質として抽出したり、さらに納豆に加工して「ヘドロ・シードペレット」を調整し、再び砂漠の緑化に利用して、循環型に持ち込むのである。

この取り組みのさらに優れた点は、砂漠化のもたらす陸圏と水圏の双方の環境問題を連動させて解決しているところにある。つまり、砂漠化による植生物の荒廃は、雨や河川を通じて表土を流出し、水圏の富栄養化をもたらすが、そこに堆積したヘドロを培養土として再資源化し、これを陸圏に還元することにより砂漠の緑化と食糧供給を同時に可能にしている。また砂漠に豊富な太陽エネルギーを有効に利用しており、極めて無駄の少ない形で循環型を作り出しているのである。

多様化する価値観を持って国際関係の中で、グリーンリサイクルシステムのように日本で培われた科学技術を途上国で役立てることは、我が国の国際貢献の1つの策であるとともに、同世代に生きる人間の責務として取り組むべき課題であると思われる。

(4) 微生物が作り出すポリエステル

1925年パスツール研究所において、土壌菌体内からポリ－β－ヒドロキシブチレート（PHB）が単離・同定され、微生物によって重合されるバイオプラスチックが発見された。つまりPHBは、ある種の微生物の菌体内で生合成され、エネルギー源として蓄積されており、炭素源が不足する飢餓状態に置かれると、これをアセチルCoAに分解し、生命活動のエネルギー源として利用される仕組みになっている。

やがて1970年代後半になって、英国のICI社が第一次オイルショックを契機に石油資源に依存しないバイオプラスチックの開発をスタートさせた。当初PHPを実用化することが試みられたが、これは結晶性が極めて高いために

(80%)、強い材料である反面、融点が176℃で熱分解開始温度が200℃とその差が極めて小さく、成型加工時に熱劣化しやすい欠点を持っており、実用的な樹脂としては物性や加工性に問題が見られた。そこでICI社は15年以上の歳月をかけて、技術開発を行い、ついにバイオプラスチックの工業化を実現した。

バイオプラスチックの工業生産の鍵は、大量に再生産される農産物資源を用い、微生物の発酵プロセスによって大量生産することである。そこで、微生物が菌体内にポリエステルを蓄積する過程で、炭素源としてグルコースとプロピオン酸により培養すると、3－ヒドロキシブチレートと3－ヒドロキシバリレートユニットからなる共重合ポリエステルP（3HB－3HV）を生合成することが見いだされた。このプロピオン酸の添加量によってHV分率をコントロールすることができ、この分率を5～20%に調節すると、柔軟性があって丈夫なプラスチックになるとともに、熱成型時の劣化も抑えることにも成功した。ICI社はこのバイオポリエステルを"バイオポール"と称して各種グレードの商品化を開始した。

我が国では、1987年に理化学研究所の土肥らにより、2種類の新規共重合ポリエステルの発酵合成が発明された。4－ヒドロキシブチレートとその他の酪酸を炭素源とすると、微生物は菌体内にP（HB－4HB）を生産し、また吉草酸と酪酸を炭素源とすると、P（3HB－3HV）を生産することを可能にした。さらに1997年に土肥らは、バイオプラスチック生産に遺伝子操作を導入する試みを開始した。つまりPHBを生産する菌の合成遺伝子を大腸菌に組み込み、大腸菌を用いてPHBを合成する試みでは、ポリエステルの量産化を目指すものである。またPHB合成遺伝子を植物組織に組み込み、PHBを合成する植物を得る試みでは、発酵プロセス自体を省略するものである。このような遺伝子操作を導入したバイオプラスチック生産が可能になれば、コストダウンに繋がり、その実用化への期待が高まっている。

バイオプラスチックは生物合成されるために、自然環境中の微生物による酵素分解が可能になり、また生体適合性を保有する安全な素材でもあるため、広

範囲な用途での応用開発が期待されている。

　最初に市場に出されたICI社の開発した"バイオポール"は、1993年からICI社から分社化されたゼネカ社により製造が継続され、その後モンサント社が最終的な買い取り先になった。しかし、1998年にモンサント社がこの事業からの撤退を表明したことは業界に大きな衝撃を与え、ついにはバイオポールの事業売却先が見つからずに現在に至っている。一方、日本の三菱ガス化学社が、PHBを用いて新しいバイオポリエステル"ビオグリーン"の製造を開始した。商品化に先立ち、三菱ガス化学社は1999年に安価なメタノール資化性細菌の連続培養により製造した純度の高いPHBに、特殊グレードのポリカプロラクトン（PLC：生分解性が確認されている化学合成系高分子）を特定の割合で配合することにより、PHBの本来持つ物性の欠点を改良できることを見いだしている。

(5) 生分解性プラスチックの市場動向と今後の展開

　国内における生分解性プラスチックの本格的な市場導入は、1991～1992年頃に始まり、国家プロジェクトとして通商産業省が先導する形で市場形成が推進されていった。また民間企業の開発や製造機器の導入に対し、税制上の優遇措置も設けられている。このような取り組みの結果、90年代初期には生産量が100トン弱であったものが、2001年には6,000トンと着実に拡大している。それでも日本での総プラスチック生産量が1,500万トンであることを考慮すると、生分解性プラスチック生産はごくわずかな量にしか達していないことが分かる。通産省の「生分解性プラスチック実用化検討委員会」では、生分解性プラスチックの国内滞在需要を300万トンと試算しているが、今のところそれにははるかに及ばないのが実情である。

　生分解性プラスチック普及のための課題としては、①コンポスト化装置などのインフラ整備の遅れの改善、②生分解性プラスチックは従来の樹脂に比べて割高である欠点の解消、③量産化に向けて、都市などの消費者に広く利用される必要性、④他のプラスチックと識別できる表示方法や分別回収するシステム

作りの整備、⑤普及のための政府援助などが挙げられている。識別認識表示に関しては、2000年6月に生分解性プラスチック研究会より生分解性樹脂（製品）の認証基準が発表され（グリーンプラマーク）、欧米との標準の統合に向け、活躍が期待されている。

　上述の課題に加え、強度・耐久性などの品質面にも問題があり、生分解性プラスチックは農業用フィルム、ゴミ袋や緩衝剤などの使い捨て以外の用途がなかなか進まなかった。しかし、徐々に品質改善が進んできたこと、ごく最近海外原料メーカーが量産化を開始したことから、低価格化が急速に進展している。2002年に米国のガーギル・ダウ・ポリマーズが、ポリ乳酸設備・年産14万トンを立ち上げ、2010年までに能力を45万トンまでに拡張することを予定しており、国内でも原料メーカーによる製造設備拡張が予定されており、加工メーカー側が原料の安定な供給源を確保できつつあるという。これとあわせて、用途展開もノートパソコンの筐体など長期寿命製品へと拡大してきている。

　このように、生分解性プラスチックの本格的な普及体制が整ってきており、2010年には全プラスチックの市場規模の10％を生分解性プラスチックに置き換えるという生分解性プラスチック協会が打ち出した目標も実現可能になるかもしれない。

　以上生分解性高分子の応用展開を紹介してきたが、今後特に注目したいのが、天然高分子素材の有効利用である。天然高分子素材は、蛋白質、多糖類、核酸などその種類はごくわずかに限られているが、長い生物進化の過程で築き上げられた「生命体」としての、多面的な複雑性を有している。定められた地球環境の条件下で営まれる生命活動の所産として、実に普遍的で多彩な機能を獲得しており、近年この機能特性を食品、医療開発、農業・土木、繊維工業など様々な分野の場面で利用する動きが活発である。この極めて普遍的な対象として位置づけられる天然高分子材料へ向けられたその視点の先には、生態系の自然循環の中に取り込まれる環境負荷の少ない素材であることに期待が寄せられているのである。

一方、大量生産・大量消費に支えられた生産活動を見直し、人と地球環境に対してより安全で優しい材料や化学プロセスを開発し、調和型の社会環境を取り戻すための新しい化学の方向性として「グリーンケミストリー」が注目を集めている。アメリカから発信されたこの概念は、物質資源を繰り返し再利用することにより環境に対する負荷を最小にし、環境負荷の少ない新規エネルギーの開発および環境修復のための化学技術の構築を目指すアプローチであり、さらには持続的社会実現を目指した、化学者、化学技術者の不断の運動（グリーン・サスティナブル　ケミストリー）をも指し示すという。

　今後、社会における市民の判断がますます重要性を増すことを考慮すると、化学と社会の間の信頼関係を醸成する努力は不可欠であると思われる。従って、我々は常に「リスク間のトレードオフ」や「リスクベネフィットのバランス」を考えて行動し、不確実性の残る中で適切な判断を下さなければならないことを市民に理解させるために、化学側からの危険性に関する情報公開・知的伝達（リスクコミュニケーション）が不可欠であるように思う。

Ⅶ-4　焼却施設の改良

　人類の作り出した非意図的生産物であるダイオキシンは、環境残留性や生物蓄積性が高く、また強毒性を示すため、その対策を講じることは急務であり、その方法は大別すると以下の2つが考えられる。
1）ダイオキシン類を極力発生しない焼却技術を開発し、早急に導入すること。
2）すでに環境中に蓄積したダイオキシン類を、分解・除去する技術を開発すること。
　ここでは、1）の最新ゴミ焼却技術や防止対策について、いくつか紹介し、2）に関しては、次章で詳しく述べることにする。

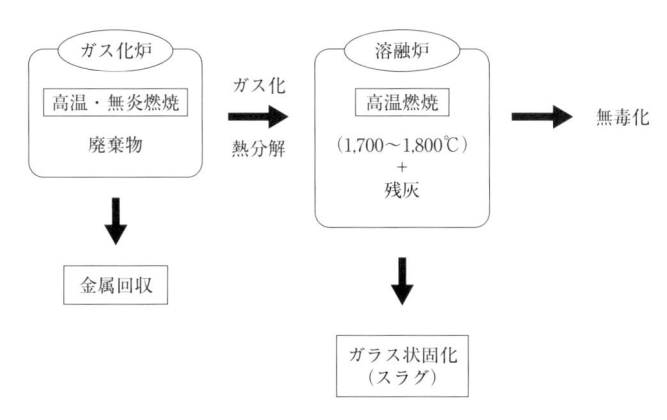

図Ⅶ-4-1　ガス化溶融炉の模式図

(1) ガス化溶融炉

　ガス化溶融炉は、高温処理によりダイオキシン類を分解する焼却技術である。原理としては（図Ⅶ-4-1）、まずゴミをガス化炉に入れて高温で無炎燃焼（蒸し焼き状態）にして熱分解し、ガス化して、不燃金属を回収する。さらに、溶融炉で生成ガスと残灰を燃焼することで、ガスを無毒化し、残灰はガラス状に固化する。この技術導入の利点は、①ダイオキシン類発生を大幅に抑制し、②ゴミに含まれる有用な金属資源を回収でき、さらに③焼却の際の熱エネルギーで発電を行えることである。

　しかしながら、我が国では大規模なガス化溶融炉の実績がないため、市民側からの反対等が起こったりと、施設設立・運用までには数々の問題を残している。また、ガス化溶融炉は結果的に燃焼するための大量のゴミを必要とすることになり、省資源化・循環型社会を目指す社会の姿勢とは矛盾するものと思われる。

(2) ダイオキシン類完全分解触媒フィルター

　焼却炉のダイオキシン対策は、炉本体で完全燃焼を行って未燃焼有機物を少なくした上で、排気ガスについても、飛灰対策と最終的な出口でのダイオキシン類分解・無毒化をすることが必要になる。そこで、焼却炉の煙突からダイオ

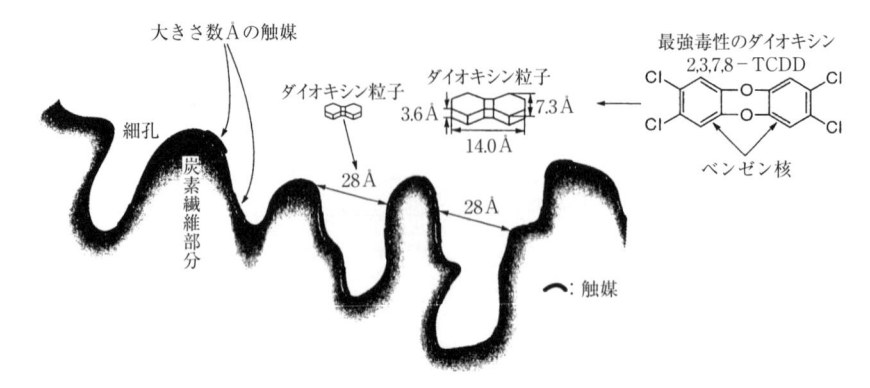

図Ⅶ-4-2　活性炭素繊維の細孔にダイオキシンが取り込まれるメカニズム
出所：化学編集部編『環境ホルモン&ダイオキシン』化学同人（1998）

キシン類を発生させないための様々な工夫がなされている。その1つとして、排ガスフィルターの活性炭繊維の細孔にダイオキシン類をいったん集積して、そこに予め付着させておいた触媒（金、酸化鉄、酸化ランタン）の力により分解を行う「ダイオキシン完全分解触媒フィルター」が開発されている（図Ⅶ-4-2）。

これまでの分解触媒は酸化バナジウムが主体であったが、これは人間の内臓を溶かすという薬害も有していた。しかし、大阪工業技術研究所により毒性のない金が触媒作用を持つことが見いだされ、これに酸化鉄と酸化ランタンを混合することで触媒作用が促進されることも分かった。また、活性炭繊維に安全な官能基をつけて、窒素酸化物や硫黄酸化物を100％硝酸と硫酸に回収する試みもなされている。

(3) 焼却灰からエコセメント
　焼却灰には、焼却により発生したダイオキシン類の約80％が含まれていると考えられているため、特に取り扱いを慎重に行わなければならない。この焼却灰の安全な処理方法も開発も進められており、例えば、約1,400℃に加熱された回転機器の中で焼却灰を熱分解してから、石膏と混合して「エコセメント」を作る試みもなされている。

第Ⅷ章
ダイオキシン類無毒化への最新エコプロジェクト

　本章では、すでに環境中に蓄積したダイオキシン類を分解・除去するために開発された技術として、超臨界水によるダイオキシン類の分解、白色腐朽菌によるダイオキシン類の無毒化およびバイオレメディエーションについて紹介しようと思う。

Ⅷ-1　超臨界水によるダイオキシン類の分解

　有害で、難分解性のダイオキシン類をいかに安全かつ効率的に分解無毒化することは、早急に対処すべき課題である。そこで、すでに環境中に蓄積された難分解性有害物質の処理として、「超臨界水」を用いた分解・無毒化技術が開発されている。
　物質は、温度と圧力条件により、固体、液体、気体と様々な相状態で存在する（図Ⅷ-1-1）。しかし、ある一定以上の高温（臨界温度）とある一定以上の高い圧力（臨界圧力）が加わると、「超臨界流体」という状態になる（図Ⅷ-1-1中の斜線部）。この状態は、気体と同じような大きな運動エネルギーを持ち、かつ液体に匹敵する高い分子密度を兼ね備えた、非常に活動的な状態になる。
　水の場合は、臨界温度374.1℃および臨界圧力218気圧を超えると、「超臨界

第Ⅷ章　ダイオキシン類無毒化への最新エコプロジェクト　*151*

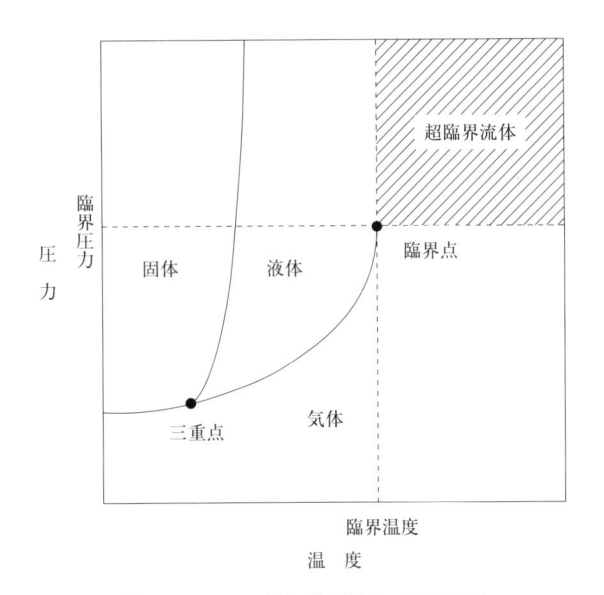

図Ⅷ－1－1　純物質の温度―圧力線図
出所：化学編集部編『環境ホルモン＆ダイオキシン』化学同人（1998）

水」となる。超臨界水の特徴は、①通常の水の性質とは逆に、有機物はよく溶けるが、無機物はほとんど溶解せず、さらに②激しい反応性を持ち、ほとんどすべての有機物を即座に分解してしまうことが挙げられる。①の現象が見られるのは、水の場合、誘電率やイオン積といった、反応場の重要なパラメーターが、温度あるいは圧力によって、大幅に変化することに由来する。例えば、250気圧の一定圧力下において、室温での水の誘電率は79と非常に大きいが、374℃以上で超臨界水状態になると、10程度と極性の小さな有機溶媒なみの値になるため、無機物は析出し、有機物がよく溶けるようになるからである。また②の現象が起こるのは、超臨界水中では、高温の水蒸気なみの高速の水分子が液体の水に匹敵する高密度で次から次へ衝突するので、有機物は短時間でバラバラに分解してしまうのである。

　ダイオキシン類は安定な物質であり、自然界ではなかなか分解しないが、熱、

光、薬剤などを使うことにより、ある種の条件下では酸化反応もしくは脱塩素化反応が起こって分解されることが明らかになった。これまでにもダイオキシン類発生抑制および分解に関するいくつかの技術が研究開発されているが、次のような問題点が見られた。

1) よく混合した燃焼室内で、燃焼ガスを高温雰囲気に保つ「完全燃焼法」は、炉内のガスを均一にしてガスの滞留を長時間保つことは難しく、ダイオキシン類発生はどうしても免れず、生成ダイオキシンの分解技術が付加的に必要になってしまう。

2) 低酸素雰囲気で加熱することにより、ダイオキシン類を脱塩素化・水素化する「熱分解処理法」では、低酸素雰囲気かで反応を行わなかった場合は、逆にダイオキシン類が生成されてしまう。

3) 1,300～1,500℃の高温下で飛灰溶融処理と同時にダイオキシン類を分解する「溶融処理法」の場合は、有害な排出ガスの発生や水銀などの揮発性重金属類の揮散を防ぐために、凝集回収システムが必要になり、コストが高くついてしまう。

4) 太陽光または紫外領域の波長の光を照射することにより、脱塩素化する「光分解法」では、毒性の最も高い2,3,7,8-TCDDを完全分解するのに長い反応時間が必要になり、さらにエネルギー効率も低くなる。

5) 酢酸エチルなどの溶媒溶媒も用いてダイオキシン類分解微生物の代謝活性を促進させ、無毒化する「微生物分解法」では、光分解法以上に長い反応時間を要し、分解効率は塩素置換体の数が多くなるにつれて低下する欠点が見られる。

以上のような従来行われてきたダイオキシン分解技術に見られる種々の問題点を解決する新しい技術として注目されるのが、「超臨界水によるダイオキシン分解法」なのである。

通産省のプロジェクト研究によれば、都市ゴミの焼却場内で発生する最もダイオキシン類濃度が高い場合には、184ppbも含まれており、この焼却灰を用い

て超臨界水によるダイオキシン類分解が検討された。装置はバッチ式であり、ダイオキシン含有飛灰＋純水＋酸化剤（大気圧の空気、0.02wt％の過酸化水素あるいは5気圧の酸素ガス）を反応器に充填し、溶融塩浴にて反応温度が400℃、反応圧力が300気圧になるよう調整された。酸化剤として用いられた過酸化水素は消毒液としても馴染み深く、最終的に水と酸素になる無害なものであり、ここでの使用濃度は市販の消毒液よりも薄いものである。所定の反応時間経過後のダイオキシン類分解結果（図Ⅷ－1－2）を見ると、超臨界水＋大気圧の空気では、97.4％、過酸化水素を入れた場合は、99.7％、酸素ガスを入れた場合は、98.5％のダイオキシン類を30分以内に分解・無害化できることが明らかになった。

　ダイオキシン類分解に超臨界水を用いる利点は、①環境に対して無害な水と

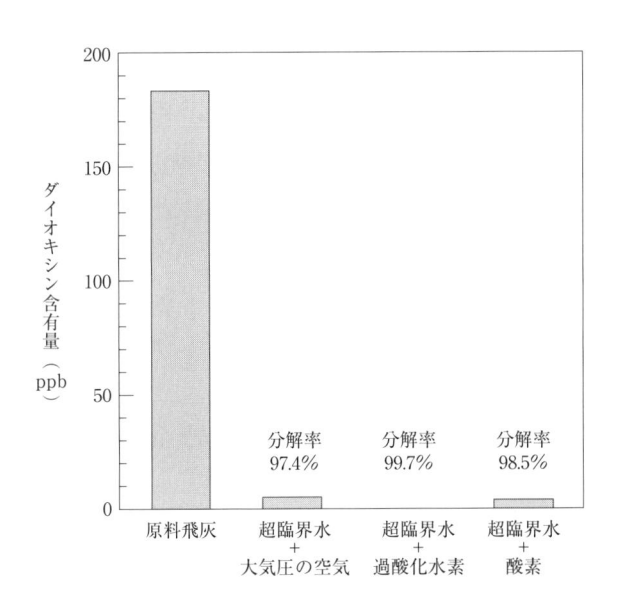

（温度400℃、圧力300気圧、反応時間30分）

図Ⅷ－1－2　超臨界水＋酸化剤によるダイオキシン類の分解
出所：化学編集部編『環境ホルモン＆ダイオキシン』化学同人（1998）

酸化剤により、猛毒のダイオキシン類を無毒化でき、②短時間で完全に分解が可能であること、さらに③クローズとシステムで分解が出来るので、二次汚染の心配がなく、④分解装置の構造が単純である等が挙げられる。

　PCBの無毒化にも、超臨界水と酸化剤による分解方法が有効であり、高濃度のPCBも高速分解できるという。しかし、トランスの絶縁油などの中に数％以下の低濃度で溶解しているPCBの場合には、この分解法では、PCBとともに絶縁油も分解されてしまい、油の回収・再利用は不可能になる。そこでこのような場合には、超臨界水とアルカリによる処理が適しており、反応時間は酸化剤によるものより時間がかかるものの、PCBの無毒化と熱により劣化を受けない良質な油の回収の両立が可能になる。さらに添加したアルカリがPCBの分解により生成する塩酸を中和するため、分解反応装置の腐食を大幅に抑制することもできるようである。

　1996年から4年間にわたり、通商産業省のプロジェクトとして、超臨界水を用いたダイオキシン分解技術の実用化研究が試みられた。茨城県つくば市の都市ゴミ焼却場内に実証装置が建設され、1日当たりの焼却飛灰処理量は約150kgであり、これは約5,000人が1日に出すゴミを焼却する量に相当する。また、超臨界流体は、廃プラスチックの再資源化技術としても注目されており、超臨界メタノールによって、ペットボトルを分解して化学原料に戻したり、繊維強化プラスチックを超臨界水によって、ガラス繊維と油成分に分解して回収を可能にしている。

　さらに放射性廃棄物処理においては、放射性物質の厳重な封じ込めが要求されるため、分解生成物を水中に閉じこめられる超臨界水による処理が適している分野の1つと考えられている。そこで原子力施設の廃棄物処理に超臨界水を適用する高減容化プロセスが開発され、着実に実用化されつつある。

Ⅷ-2　白色腐朽菌によるダイオキシン類の無毒化

　微生物によるダイオキシン類の分解は、これまでにも長年試みられてきたが、従来の報告では、塩素数が多くなると分解されにくくなる傾向が見られた。しかし、キノコの一種である白色腐朽菌は、天然の難分解性であるリグニンを分解でき、PCP（木材防腐剤）やDDT、PCB、ダイオキシン類、発ガン性のあるベンゾ［a］ピレンなどの汚染物質を分解でき、かつ複合汚染にも対応できることが見いだされ、近年注目を集めている。つまり１種類の菌だけで、種々の構造の複数の化合物を同時に分解できるという特徴を持つため、白色腐朽菌は汚染環境の修復に最も適した微生物の１つであると言える。

　キノコは「担子菌類」に属し、シイタケなどの「木材腐朽菌」とマツタケなどの「菌根形成菌」があり、さらに木材腐朽菌は「褐色腐朽菌」と「白色腐朽菌」に類別される。白色腐朽菌は、木材の主成分である多糖類のセルロースやヘミセルロースを栄養源として生育する。この生成エネルギーを利用して、白色腐朽菌は、リグニンペルオキシダーゼ、マンガンペルオキシダーゼ、ラッカーゼ等の酵素により、木材中のリグニンを二酸化炭素と水までに完全分解する。そしてこの白色腐朽菌の分解能力をダイオキシン分解に実用化させようと応用が展開されている。

　白色腐朽菌を用いた環境修復技術開発が進んでいる米国では、すでに実業化されており、多くの実績があるという。国内においても、産学官の共同研究で実際の汚染土壌や焼却灰を用いた実験が行われており、その効果が確認されている。

　例えば、九州大学大学院農学研究科と福岡県保健環境研究所の共同研究報告によれば、ゴミ焼却場の焼却灰からダイオキシン類（総PCDD量8.8ng、総PCDF6.6ng）を抽出し、白色腐朽菌による分解を低窒素培地で30日間行った結果、すべての化合物はそれぞれ分解されたことが確認された。その分解率は塩素数別に見ると49％から74％の範囲にあり、総括的に塩素数が多くなるに従って、

分解率が高くなる傾向が見られた。この性質は、塩素数が多くなると分解されにくくなるという細菌などの微生物の持つ欠点を解決できることも意味している。

また、環境庁が行うダイオキシン汚染土壌浄化の実証試験として、九州大学大学院工学研究科とメルシャン㈱開発部の共同研究が選定され、実際の汚染土壌を用いたラボテストを実施している。

さらに、メルシャン㈱は、リグニンやダイオキシン、ビスフェノールA等の分解活性菌に、他種微生物やその生体成分を共存させ、複合化することで、単独よりも分解活性が増強されることを明らかにし、分解活性の高い複合微生物系を構築した。これは、生物同士の相互関係を維持しながら、ダイオキシン類や環境ホルモン等の低濃度複合有害汚染の環境修復技術になり得ると注目されている。

以上のように、白色腐朽菌の分解能を用いた浄化システムは、省資源的であり、またクリーンな環境修復技術であり、今後の研究開発の進展およびその実用化が大いに期待される。

Ⅷ-3　バイオレメディエーション

上述した白色腐朽菌などの微生物による環境修復・浄化技術は「バイオレメディエーション」の1つと考えられている。

1997年1月に日本海で起こったロシア船籍「ナホトカ号」の重油流出事故により、周辺海洋・沿岸部に大きな被害を及ぼしたことは記憶に新しい。そしてこの事故をきっかけにして、微生物を用いて流出油を分解除去する方法であるバイオレメディエーションが注目を浴びるようになった。

バイオレメディエーション（Bioremediation：生物による環境修復技術）は、「毒性化学物質および有害廃棄物の蓄積に由来する環境汚染物質を減少あるいは除去するため、特に微生物を利用する技術」と定義される。河川をはじめとす

る自然界には、天然に存在する微生物などの働きによって、汚れを浄化する「自浄作用」があり、我々は生活の中でごく当たり前にこの力を利用してきた。つまり、バイオレメディエーションは、古来より利用してきた微生物などの浄化力を人為的に効率よく使う方法であると考えられる。

バイオレメディエーションの長所は、常温・常圧のためエネルギーをあまり必要とせず、安価であり、建物を壊さずに現位置での浄化が可能となり、同じく操業中での浄化が可能でもあり、低濃度・広域の浄化に適すること等が挙げられる。一方、短所は、浄化に時間がかかり、高濃度汚染には適さず、複合汚染の浄化には技術的課題が多く、有害な分解代謝または中間物質が副生する恐れもあるため、充分な基礎データーが必要になること等が挙げられる。

バイオレメディエーションの具体的な方法としては、無機栄養塩類（窒素、リン）等を添加することにより、汚染現場に生息している微生物を活性化する手法である「バイオシュティミュレーション（Biostimulation：微生物活性法）」と、汚染現場に効率的な分解菌自体を注入する手法である「バイオオーギュメンテーション（Bioaugmentation：微生物添加法）」の2種類がある。微生物を添加する場合、①汚染現場にもともと存在する微生物を外部で培養後に添加する方法、②汚染現場以外から単離された分解微生物を用いる方法、③汚染物質を効率よく分解するように遺伝子を組み換えた微生物を用いる方法等行われている。当然、ここで用いられる微生物の安全性は充分に確認され（通産省のガイドラインに適合。これについては後述）、周辺自治体へのパブリックアクセプタンス（Public Acceptance：社会的受容性）も実施しなければならない。

バイオレメディエーションのガイドラインとして、環境庁の「地下水汚染にかかるバイオレメディエーション環境影響評価指針」と通産省の「組換えDNA技術工業化指針」がある。環境庁のガイドラインは1993年3月に都道府県に通知され、環境基準などで規定されている11物質による地下水汚染の浄化に関する指針である。通産省のガイドラインは、1998年5月に告示され、これは遺伝子組み換え微生物の使用についてだけでなく、天然の微生物の利用についても

基本的にこのガイドラインを準用するようになっている。両ガイドラインともに、微生物を環境中に放出するため、事前に様々な試験を行い、安全性を確認するように定めているが、対象や評価方法に違いが見られる。そこで、JBA（バイオインダストリー協会）などにより、バイオレメディエーション全般についての統一ガイドラインの制定が要望されている。

　現在、日本におけるバイオレメディエーションの市場規模は2〜3億円であるが、2020年には、1,800億円とも、4,583億円とも予測されている。PCBなどは、人間が人工的に作り出して100年ほどしか経っていないが、すでに多くの分解微生物の存在が明らかにされているという。これは、微生物は未知の物質に接して、それに対する分解能力を進化させた結果であり、「生命体」としての潜在能力の神秘性には目を見張るものがある。このような自然循環に組み込まれる修復技術の有効利用は大いに推奨されるべきでものあるが、それと同時にバイオレメディエーションの安全な実施と普及のための体制作りを整えてゆくことが極めて重要になってくると思われる。

第IX章
子どもたちの未来を守るために

　前章までにおいて、現時点で解明されている環境ホルモン問題の全貌を、最新の科学的情報に基づき簡潔に紹介してきた。すなわち第Ⅰ〜Ⅳ章では、環境ホルモンに関する基礎ならびに脳や生殖器など生体に及ぼす影響や毒性発現の体内動態などを解説し、また個々の環境ホルモンの特徴については第Ⅴ章でそれぞれの歴史的背景も含めて詳しく紹介した。さらに、第Ⅵ章では環境ホルモン発生源と汚染の拡大の現状に触れ、特に母乳汚染や途上国における汚染の拡大を今後率先して取り組むべき課題として位置づけた。第Ⅶ章では、こうした環境ホルモン問題に対処するための諸策を個人レベルから各種企業開発の動向や行政の対応等も含めて言及した。第Ⅷ章では、すでに環境中に蓄積したダイオキシン類を分解・除去するために開発されたいくつかの最新技術を紹介した。そして現在も環境ホルモン問題に対する学術的関心は極めて高く、さらなる研究の進展も充分期待できるため、今後新たに得られる科学的知見や有用な情報を適宜、明確に提供してゆくフォローアップが必要になってくると思われる。

　ここで簡単に問題点を整理してみるならば、科学的に未解決な部分は残されるものの、環境ホルモンは極めて微量でも生体に影響も及ぼし、中にはDDTやPCBのように残留性の高い物質も多く含まれているため長期的影響が懸念されている。またこれらの化学物質を直ちに規制して、たとえ環境中の汚染濃度が低減しているように見えても、これらは食物連鎖を通じて生物濃縮されるため、脂肪組織に徐々に蓄積されて世代を越えて曝露量を増大させてゆくことになる。

従って親から子へそのまた子へと受け継がれ、まさに人類の未来をも左右しかねない深刻な事態に発展する可能性は否定できないと考えられる。

一方で、我々が環境中に放出してきた化学物質の多くは、生活に便利さと快適さをもたらすために創製されたものであるから、これらの危険性が疑われるからと言ってすべてを使用禁止に追い込むことは、現代生活そのものが維持できなくなることを意味し、このような対応は現実的には考えにくい。そこで、それらに代わる材料や安全な新規素材等を開発するとともに、当該化学物質のリスク評価と曝露量の関係性を正しく理解し、より危険性を回避する形で賢く接してゆくことが重要であると思われる。すなわち、人間が作り出した物質を、人間自身が管理・制御して、生活の向上を図ってゆくことも地球上に生きる人としての大事な役割であると考えられる。さらに、こうした化学物質に容易に触れる機会の多い現代社会では、行政のみならず、個々人の自己管理責任が一層問われる時代に突入していると思われる。

従って、人間が生きるための社会活動の中から生み出される様々な物質が、環境に多大な影響を与えることを考慮するならば、それを支える科学の方向性には循環型の視座を導入し、さらに社会全体としても、このような循環型システムを推進してゆく必要があると思われる。この循環型社会の構築の鍵は、生態系から学ぶシステム作りにあると考えられ、これは過去の反省を踏まえた上でのこれからの人類が進むべき快適な生き方につながるものと認識される。そこで自然との関わり方において、生物の相互作用の視点から我々の暮らしのあり方を以下に論じてみた。

地球上の生物は、その生存のために様々な社会的規制を受けており、それらは「競争」、「共存」、「我慢」に大別される。従って生物社会では、競争、共存を通じ、互いに我慢をしながら共生しているため、決して他の種を絶滅に追いやるような過激な行動は取らず、そこにはある種の秩序が成立していると言える。また生態系における秩序・安定性はそこに棲む生物種の多様性に基因していると考えられる。各生物種においては、本来多様な種の間で複雑にして精妙

な相互関係が成り立っており、それぞれの種は、生態系の中で生物としての機能的役割と地位、すなわち生態的地位（ニッチ）が与えられている。このような生態系における生物種は、その生存が確保されるように、様々な社会的規制を受け、微妙な生活空間や時間的要求（棲み分け）、生活資源の変更（食い分け）、種間の差異の増大（形質転換）などを行って、競争を避ける方向に適応し、生物種の多様性を可能にしている。

1957年ハチンソンらは、生育場所の個々の資源や環境条件と、生物の体や採餌器官の大きさなどの形態的適応器官を座標軸とする、n次の多元空間ニッチを表現した。すなわち、ある種が生存できて個体群を維持する最適の条件のセットを「基本ニッチ」と呼び、これは競争種が全く存在しないときに、その種個体群が利用できる範囲であり、個々の種の持つ遺伝的特性によって決まるとした。また資源をめぐる競争種が存在すれば、一方が排除されるか、あるいは共存のために一方または双方のニッチに影響が現れることになり、その結果狭められたニッチを「実存ニッチ」と呼んだ。

ニッチは一般に図Ⅸ-1が示すように、最適利用点を中心にして釣り鐘状の曲線を描くことが多い。そこで例えばAとBの2種が共存するとき、ニッチの

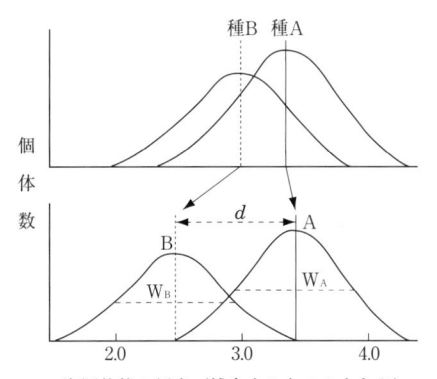

図Ⅸ-1 2種間の選択的ニッチ分化
出所：齋藤員郎『生物圏の科学』共立出版（1992）

重複があり、この重なり部分で両者が混生すれば、当然競争が生じる。またそれぞれの個体群が選択する資源の大きさ（餌の大きさ）は、遺伝的に特徴づけられるものであり、AとBが同じ資源を争うとき、AがBに勝れば、重複する部分以外の資源しか利用できないB種個体の生存率は低下する。その結果、資源利用範囲を移行する方向の選択（陶太）が働いて、B種個体群の遺伝子組成に変化が生じることになる。またA種においても、同様の遺伝子組成の変更が生じて、資源利用範囲の全く異なる新しい共存が成立するのである。すなわち2種は、互いに競争するが、それぞれは他の種よりも有利な部分にニッチを求め、それでも生活資源の奪い合いがあれば、弱い種が競争を避けて新しい安全な場所を確保して、強い種と違ったニッチを持つようになることを意味する。このように自然界では生態系を構成する種個体群の数だけニッチを数えることができると言える。

　人間は決して、自然界の生態系から隔絶した特権的なニッチを与えられているのではなく、そのシステムの中に組み込まれているのであり、生態系の崩壊行為は、直接人間の生存の危機に繋がることになる。しかし人間はその文明の発展とともに、生態系に少なからず影響を与え続け、それは時に戦いでもあり、略奪でもあった。生態系に与える影響が少ない時には、修復不可能であったものが、現在のように莫大な人工物質が溢れ、大規模な生態系破壊が起こることにより、人間は新たに地球環境問題に遭遇することになった。つまりこの問題の出現は、生態系における競争・共存・我慢を通じた秩序関係を乱してしまった身勝手な人間への自然界からの警告に他ならない。

　あらゆる生物は自分に適さない環境では滅亡し、ヒトもその例外ではない。人間は生態系の自然循環の取り込まれた1つの生物種として、その他の数千万種の生物種とともに生きる自覚を持ち、今後の人間諸活動が地球にとって、我々の子孫にとって何が最良であるかを慎重に判断する責任を、今まさに問われているのである。

　現状では環境ホルモンに関する様々な問題は、未だ不明瞭な点も多く、解決

第Ⅸ章　子どもたちの未来を守るために　163

されるべき課題が山積していると言える。そこで、関連科学分野における研究の進展が望まれるのであるが、その中にも人間を含む生物全般と化学物質の関係性を根本から見直す視野を盛り込むことが何よりも大切であると思われる。
　一方、その因果関係が解明されるまで、我々はどのように生活すべきであろうか。こうした問題に応える場合、「疑わしきは罰する」という態度で望むことが好ましいと思われるが、当面はⅦ-1で述べたように、これらの化学物質を極力回避する心掛けや手法の選択を検討することが賢明であろう。つまり便利さや物質的豊かさ重視の大量生産・大量消費・大量廃棄型の社会システムを見直すことであり、それは個人のライフスタイルの変革から始まって、社会全体における循環型システム構築を推進することにより、良質の環境保全の実現が充分可能になるものと思われる。
　しかし、あれほどまでに世間を騒がせていた環境ホルモンも、ダイオキシン類などの極めて毒性に高いものを除けば、一時期の騒動の勢いは影を潜めているように感じてならない。これは恐らく、環境ホルモンの中にはダイオキシン類やPCBのようにガンを引き起こす猛毒もあり、そのほとんどが直接生死に関わるものではないために、環境ホルモンによる影響を体得しにくいところに起因していると思われる。環境ホルモン問題が勃発した当初は、塩ビの代替の開発が進み、家庭用ラップとしてポリエチレンやポリプロピレン製など非塩素系のフィルムが販売されるようになった。しかし、これらは加熱に弱く使い勝手も塩ビのものに比べて劣ってしまうことで、企業における生産量が停滞あるいは低下傾向に導かれたことも、消費者の間で環境ホルモンの深刻性が正しく理解できていない証拠に他ならないと思われる。
　しかし、たとえ猛毒ではなくとも、生殖障害などにじわじわと影響を及ぼし、やがては人類の将来に影響を与えるような物質が、私たちの身の周りに潜んでいるという事実を、便利さに流された生活の中で決して見過ごすことの無いように注意を払ってゆかねばならない。今こそこうした日常の消費行動の中で、社会を動かす根源にある我々消費者の明確な判断が問われているように思う。

一方、氾濫するメディアからの情報に対し、我々はいちいち過敏に反応する必要はないが、諸問題に対する私たちの意識の低下が問題を未解決のままに風化させてしまうことのないように、ことの本質を正しく理解する姿勢を常に持ち続ける必要性を強く自覚すべきであろう。

　最近「メディア・リテラシー（受け手がメディアをクリティカルに分析して評価し、メディアにアクセスして多様な形態でコミュニケーションを作り出す能力）」の重要性が頻繁に唱えられ、教育現場などでも積極的に導入されるようになってきた。このメディア・リテラシーには、①メディア機器の運用能力、②メディアを媒体とした情報の受容・解釈能力、③メディアによる自己思想・意見などの表現能力の3つが求められている。現在メディアからの様々な情報が氾濫する状況にあるからこそ、私たちはそれらをそのまま鵜呑みにして翻弄されることなく、メディアがもたらす利点と限界を冷静に把握して、メディアともっと主体的に関わってゆく責任があると思われる。つまり影響力の大きなメディアと私たちの関係をより良好なものにするためには、メディアからの膨大な情報をクリティカルに分析・整理して、それらに対する私たちの考察を積極的に自己表現し、常に社会に働きかけてゆく姿勢を持つことが重要であると考えられる。

　最後にもう一度思い起こしたいのが、『沈黙の春』におけるレイチェル・カーソンの主張である。彼女は、農薬は人類の生存にとって有効なものであり、それ自体の必要性は否定しないものの、その使用が行き過ぎてしまえば、生態系をフィードバック不可能な状態にまで破壊してしまい、ひいては人類の子孫にまで重大な危害を及ぼす可能性があると警告している。その上で、農薬の効力だけでなく、薬剤のヒトや野生生物、環境中での消長を綿密に研究し、生態系に悪影響を与えない安全な使い方を確立し、さらに安全性の高い農薬を創製すべきであると主張したのである。また、政府はもっと厳しい行政措置を講じるべきであることも指摘している。

　これらカーソンの主張は、社会に蔓延する「経済中心主義」や「人間中心主

義」を否定したものであり、この時代には簡単には受け入れ難かったとしても、その功績は着実に人々の意識や社会システムに変化をもたらしたと言える。例えば、カーソンが指摘した初期の農薬の及ぼす問題点から得られた教訓により、現在利用されている合成農薬は易分解性で、作用選択性が高く、環境負荷の少ないものとして飛躍的に様変わりしている。つまり、このことは、自らの創造物を管理・制御して生きるための、自然に学ぶ新しい科学へ近づいた1つの結果と言えるかもしれない。

　そして、カーソン、コルボーン、キャドバリーが各々の書物で訴えようとしたことは、汎用化学物質が生態系に与える負の影響の報告のみならず、生態系におけるヒトとしての生き方やその手段としての科学のあり方の意味に疑問を投げかけるものであると解釈できる。すなわち、彼女らの警告は決して恐怖心を煽るものではなく、人間の身勝手な行動により取り返しのつかない逆襲を被ることのないように、人間の生産行為の中に自然のリズムを内在化させる手段が積極的に盛り込まれるべきであることを主張しているように感じる。そして我々人間が未来に向かって着実に発展してゆくことを望むならば、まず意識の転換を図ることが重要であること、そして他の生物と競争・共存し、時に我慢

をしながら生きてゆくことで、「真の豊かさ」が訪れることを示唆しているようにも思える。これは生態系における一生物種としてのヒトの選択すべき「生き方」を問うものに他ならない。従って、ここには決して悲観的な要素は見当たらず、次世代の未来を守ろうとする女性としての本能さえも感ずることができるのである。

　以上述べてきたように、我々は自らが生み出した環境ホルモン問題に対し、その解決策を早急に模索してゆかねばならない。またそれと同時に、汚染された環境の浄化に徹し、生物種の多様性を守りながら、責任をもって次世代に汚染の少ない快適な地球を残してゆかねばならないのである。我々の子どもたちの未来を守るためにも。

おわりに

　1997年に著者が大阪外国語大学開発・環境専攻において教鞭を取り始めたとき、ちょうど我が国において環境ホルモン問題がにわかに浮上し始めた頃と時期を同じくした。さらに翌年事態は急展開を見せることとなり、新しい事実が次々に報告される度に、連日マスメディアは環境ホルモンに関する報道合戦を繰り広げ、これに関する書物も一般書店のあちらこちらに見受けられるようになった。

　これまで理系の大学において食品を中心に研究を進めてきた著者が、文系の本学において新たに環境分野に取り組む際に、最も注目した事柄の1つがこの環境ホルモン問題であった。また、この問題に対する本専攻学生の関心も極めて高く、ゼミ等の発表として取り上げることも多かった。

　当時ゼミ等を通じた彼らの要望を整理してみると、「より正確な科学的知識を習得することにより、氾濫する情報に翻弄されることなく明晰な判断で物事に対処してゆきたい」ということであった。そこで、生活環境学の授業の一環に「環境ホルモン」に関する講義を取り入れることを決意し、できる限り科学的根拠に裏打ちされた知識を提供することにより、世間を騒がしている化学物質の真の描像を正しく理解させることに力を注いできた。

　著者は決して環境ホルモンの専門家ではなく、それに関する研究を遂行した経験も持たないが、それでも自分の専門とする生活科学、生活環境学が、その問題の理解を容易にしてくれたことは非常に助かっていた。つまり、我々の生活の基盤を支える食品学、栄養学、生化学、農学、高分子化学というこれまで学んできた学問分野の既存の知識が、この環境ホルモン問題に取り組む上でいずれも不可欠になったからである。まさに環境ホルモン問題は、「生きる」とい

う基本的な視座から生物が立つ生存の基盤を問うたものであることを、学びながら強く認識した次第である。

そして環境ホルモン問題に関する学術的関心は高く、その研究の進展動向を追っていくことも楽しみの1つになった。しかし同時に、あまりにも多くの情報が錯乱しているために、科学的判断のすべを持たない人々にとっては、その不確実な情報に惑わされて、未来を悲観視するのではないかという心配も出てきた。

環境ホルモン問題というものは、決して将来を否定的に捉えるものではなく、これまで省みなかった「物質優先主義」、「人間中心主義」への警告であると謙虚に受け止めなくてはならないと思う。そして個々人の意識改革の結集が、環境ホルモン問題を大きく改善し、明るい未来に作り変えることができることを我々は学ぶべきであろう。

このように情報化現代社会の渦中に生きる我々は、マスメディア等を通じて様々な情報を受ける機会に恵まれながらも、有識者の科学的論拠に基づいた真の情報が、一般の人々に正確に伝えられることは少なく、多くの誤報や推論に埋もれることにより、両者の認識はますます隔絶してしまうことが危惧される。

そこで、両者の情報の溝を少しずつでも埋めてゆくためにも、我々環境に携わる教育者が率先して、その仲立ちとしての役割を果たすべきではないかと強く感じている。さらには、自分の愛弟子達の中から将来的に研究者と市民とを繋ぐような立場の仕事を目指す人材を育てていくことも、教育使命を持って臨むべき課題であると思う。今回、本書が少しでも読者の皆様の知識向上に貢献し、また生活改善にも役立てられれば、この上ない喜びである。

本書出版に当たり、非常に多くの方々にお力添えを頂き、これらが無ければ決して完成にはこぎ着けなかったことは言うまでもない。まず今回の出版企画を頂き、その制作に忍耐強く携わって頂いた佐藤守様をはじめとする㈱大学教育出版の皆様に深謝の意を表したい。そして本書の科学的内容に沿い、かつその堅苦しい雰囲気を和らげる素敵な挿し絵を描いてくれた実姉の三好登和子理

学博士に心から感謝したいと思う。また、原稿作成過程において、有益なご助言および温かい激励の言葉を頂いた大阪外国語大学開発・環境講座の諸先生方に厚く御礼申し上げる。さらにゼミ等を通じてともに議論を重ね、本書作成への意欲を掻き立ててくれた歴代の教え子たちに深く感謝したい。また執筆に際して、いつも心の支えになってくれた両親の三好順耳・縫子夫妻に心からお礼を述べたいと思う。そして最後に、私の研究教育人生を常に温かく見守ってくださり、女性研究者として高き目標であった故勝田啓子先生に本書を捧げ、心からご冥福を祈りたい。

2003年8月 三好　恵真子

参考文献一覧
《図　書》
・Carson,R. "Silent Spring" Hamish Hamilton (1962)
・Colborn,T., Dumanoski,D. & Myers, J.P., "Our Stolen Future: Are We Threatening Our Fertility, Intelligence, and Survival?-A Scientific Detective Story" DUTTON (1996)
・Cadbury,D. "The Feminization of Nature: Our Future at Risk" Hamish Hamilton Ltd. (1997)
・レイチェル・カーソン著、青樹簗一訳『沈黙の春』新潮社（1964）
・シーア・コルボーンら著、長尾力訳『奪われし未来』翔泳社（1997）
・デボラ・キャドバリー著、井口泰泉監修、古草秀子訳『メス化する自然』集英社（1997）
・Colborn,T. et al. "Chemically Induced Alternations in Sexual and Functional Development: The Wildlife/Human Connection" Princeton Scientific Publishing (1992)
・Lyons,G., "Phthalates in the Environment" World Wildlife UK (1995)
・"Ministry of Agriculture, Fisheries and Food, Effects of Trace Organics on Fish, Phase II" Foundation for Water Research, UK (1995)
・Kanno,J. et al. "The OECD program to validate the rat uterotrophic bioassay to screen compounds for in vivo estrogenic responses: phase 1", Environ Health Percept, 109, 785-794 (2001)
・Damstra,T., Barlow,S., Bergman,A., Kavlock,R. & Van Der Kraak,G. (eds.) "Global assessment of the state-of-sciencs of endocrine disruptors" International Programme on Chemical Saftey (2002)
・環境庁『内分泌攪乱化学物質問題への環境庁の対応方針について——環境ホルモン戦略計画SPEED'98——』2000年11月版（2000）
・環境省編『環境白書平成13年度版』ぎょうせい（2001）
・環境省編『ノニルフェノールが魚類に与える内分泌攪乱作用の試験結果に関する報告』（2001）
・東京都立衛生研究所毒性部編『内分泌かく乱作用が疑われている化学物質の生体影響データー』（2000）
・化学編集部編『環境ホルモン＆ダイオキシン』化学同人（1998）
・筏義人著『環境ホルモン——きちんと理解したい人のために——』講談社（1998）
・高杉進、井口泰泉著『環境ホルモン——人類の未来は守られるか——』丸善（1998）
・長山淳哉著『しのびよるダイオキシン汚染』講談社（1994）
・井口泰泉監修、環境ホルモン汚染を考える会編『環境ホルモンの恐怖』PHP出版（1998）

- 井口泰泉著『生殖異変――環境ホルモンの反逆――』かもがわ出版（1998）
- 井口泰泉著『環境ホルモンを考える』岩波新書（1998）
- 田辺信介著『環境ホルモン――何が問題か』岩波新書（1998）
- ひろたみを著『環境ホルモンという名の悪魔――人類を滅亡させる狂気の化学物質――』廣剤堂（1998）
- 彼谷邦光著『環境の中の毒』裳華房（1995）
- 藤原寿和著『ダイオキシン・ゼロの社会へ』リム出版新社（1998）
- 高山三平著『ダイオキシンの恐怖』PHP出版（1998）
- 藤木良規著『猛毒ダイオキシンと廃棄物処理』筑波出版会（1998）
- 酒井伸一著『ゴミと化学物質』岩波新書（1998）
- 天笠啓裕著『環境ホルモンの避け方――生き物を滅ぼすホルモン攪乱物質がこの一冊で、身のまわりから追放できる』コモンズ（1998）
- 北野大監修、環境ホルモンを考える会編『環境ホルモンから家族を守る50の方法――今日から始める生活防衛マニュアル』かんき出版（1998）
- 綿貫礼子編『環境ホルモンとは何かⅠ――リプロダクティブ・ヘルスの視点から――』藤原書店（1998）
- 綿貫礼子編『環境ホルモンとは何かⅡ――日本列島の汚染をつかむ――』藤原書店（1998）
- 山田國廣著『環境革命Ⅰ』藤原書店（1994）
- 竹内正雄、益永茂樹、今川隆、山下信義、多賀光彦著『ダイオキシンと環境』三共出版（1999）
- エントロピー学会編『「循環型社会」を問う　生命・技術・経済』藤原書店（2001）
- John Emsley著、渡辺正訳『逆説・化学物質――あなたの常識に挑戦する――』丸善（1996）
- 安井至著『市民のための環境学入門』丸善（1998）
- 環境庁保健部『環境ホルモン白書　'内分泌攪乱化学物質問題に関する国際シンポジウム'99'』環境コミュニケーションズ（1999）
- 環境ホルモンvol.1『特集・性のカオス』藤原書店（2001）
- 環境ホルモンvol.2『特集・子どもたちは、今』藤原書店（2001）
- 環境ホルモンvol.3『特集・予防原則』藤原書店（2003）
- 日本化学会編『内分泌かく乱物質研究の最前線』（季刊化学総説No.50）学会出版センター（2001）
- 松井三郎、田辺信介、森千里、井口泰泉、吉原新一、有薗幸司、森澤眞輔著『環境ホル

モン最前線』有斐閣選書（2002）
- 森千里著『胎児の複合汚染——子宮内環境をどう守るか』中央公論社（2002）
- Newton臨時増刊号『人体・環境変異　破局か再生か　最新エコ・プロジェクトの挑戦』ニュートンプレス（1999）
- 化学vol.53『特集"環境ホルモン"』化学同人（1998）
- 長山淳哉著『母胎汚染と胎児・乳児——環境ホルモンの底知れぬ影響』ニュートンプレス選書（1998）
- 長山淳哉著『胎児からの警告——環境ホルモン・ダイオキシン複合汚染』小学館（1999）
- 日本化学会編『内分泌かく乱物質研究の最前線』（季刊化学総説No.50）学会出版センター（2001）
- 日本比較内分泌学会編『生命をあやつるホルモン』講談社（2003）
- 村上明、森光康次郎編『食と健康——情報のウラを読む——』丸善（2002）
- Anthony, T. Tu編『事件からみた毒——トリカブトからサリンまで』化学同人（2001）
- 近畿化学協会『化学の未来へ——ケミカルパワーが時代をつくる——』化学同人（1999）
- 新エネルギー・産業技術総合開発機構監修、㈱富士総合研究所編『化学物質とリスク』オーム社（2001）
- 田矢一夫、廣瀬英一『くらしの中の知らない化学物質1 台所用品・食品容器』くもん出版（2001）
- 塚谷恒雄著『環境科学の基本——新しいパラダイムは生まれるか——』化学同人（1997）
- 栗原紀夫著『豊かさと環境——化学物質のリスクアセスメント——』化学同人（1997）
- Zakrzewski,S.F.著、古賀実、篠原亮太、松野康二訳『環境汚染のトキシコロジー』化学同人（1995）
- 深海浩著『変わりゆく農薬——環境ルネッサンスで開かれる扉——』化学同人（1998）
- 平野千里著『原点からの農薬論——生き物たちの視点から——』農文協（1998）
- 久馬一剛著『食料生産と環境——持続的農業を考える——』化学同人（1997）
- 石川禎昭編『循環型社会づくりの関係法令早わかり——廃棄物・リサイクル7法——』オーム社（2002）
- 大津一義、柳田美子編『クローズアップ食生活シリーズ1：人生は食のコントロールから』ぎょうせい（2001）
- 小川雄二『子どものからだ・食べ物・栄養』芽ばえ社（1998）
- 日本国際保健医療学会編『国際保健医療学』杏林書院（2001）
- 国際連合食糧農業機関（FAO）編『開発途上国の栄養』（社）国際食糧農業協会（FAO協会）（1999）

- 宮本武明、西成勝好、赤池敏宏編『21世紀の天然・生体高分子材料』CMC出版（1998）
- 筏義人編『生分解性高分子』高分子刊行会（1994）
- 寺田弘、筏英之、高石喜久著『地球にやさしい化学』化学同人（1994）
- 筏英之著『ごみ処理問題と分解性プラスチック』アグネ承風社（1990）
- 白石信夫・谷吉樹・工藤謙一・福田和彦編著『実用化進む生分解性プラスチック──持続・循環型社会の実現に向けて──』工業調査会（2000）
- CMCライブラリー『生分解生プラスチックの実際技術』CMC出版（2001）
- 田中稔、船造浩一、庄野利之著『環境化学概論』丸善（1998）
- 日本材料化学会編『地球環境と材料』裳華房（1999）
- 御園生誠、村橋俊一著『グリーンケミストリー──持続的社会のための化学』講談社サイエンティフィック（2001）
- 太田次郎、石原勝敏、黒岩澄雄、清水碩、高橋景一、三浦謹一郎編『基礎生物学講座9：生物と環境』朝倉書店（1993）
- 斉藤員郎著『生物圏の科学』共立出版（1992）
- 鈴木みどり編『メディア・リテラシーを学ぶ人のために』世界思想社（1997）
- 菅谷明子著『メディア・リテラシー──世界の現場から──』岩波新書（2000）

《学術論文》

- Colborn,T. et al., Environmental Health Perspectoves, 101, 5 (1993)
- Takasugi,N. , Bern,H.A., J.Nat Cancer Inst., 33, 855 (1964)
- Krishnan,a.V., Stathis,P., Permuth,S.F., Tokes,L., Feldman,D., Endocrinology, 132, 2279 (1993)
- Carlsen,E.,Giwercman,A., Keiding,N., Skakkebaek,N.E., Br.Med.J., 305, 609 (1992)
- Auger,J., Kunstmann,J.M., Czyglik,F., Jouannet,P., New Engl.J.Med., 322, 281 (1995)
- Sharpe,R.M., Skakkebaek,N.E., Lancet, 341, 1392 (1993)
- Fisch,H., Goluboff,E.T., Fertil. Steril., 65, 1044 (1993)
- Irvine,S., Cawood,E., Richardson,D., MacDonald,E., Aitken,J., Br.Med.J., 321, 467 (1996)
- Swan,S., Elkin,E., L.Fenster, Environ.Health Perspect., 105, 1228 (1997)
- Pajarinen,J., Laippala,P., Penttila,A., Karhunen,P.J., Br.Med.J., 314, 13 (1997)
- Stenchever,M.A., Williamson,R.A., Leonard,J., Karp,L.E., Ley,B., Shy,K., Smith,D., Am.J.Obstet.Gynecol., 140, 186 (1981)
- The Centers for Disease Control Vietnam Experience Study, J.Am.Med.Assoc., 259, 2715 (1988)
- Colborn,T. & Smolen,J. "Epidemiological analysis of persistent organochlorine con-

- taminants in cetaceans", Rev Environ Contam Toxicol, 146, 91 (1996)
- Simmonds,M. "Marine mammal epizootics worldwide," Poster,X. & Simmonds,M. (eds) in Proceeding of the Marine Mammal Commission Workshop on Marine Mammals and Persistent Ocean Contaminants, 87 (1991)
- Gibbs,P.E. & Bryan,G.W. "Reprodutive failure in populations of the dog-whelk, Nucella lapillus, caused by imposex induced by tributyltin from antifouling paints" J Mar Biol Assoc UK, 66, 767 (1986)
- Guillette,L.J.Jr. et al. "Development abnormalities of the gonad and abnormal sex hormone concentrations in juvenile alligators from contaminated and control lakes in Florida" Environ Health Perspect, 102, 680 (1994)
- Guillette,L.J.Jr. et al. "Reduction in penis size and plasma tetosterone concentrations in juvenile alligators living in a contaminated environment" Gen Comp Endocrinol, 101, 32 (1996)
- Hayes,T.B.A. et al. "Hermaphroditic demascullinized frogs after exposure to the herbicide atrazine at low ecologically relevant doses" Proc Natl Acad Sci, USA, 99, 5476 (2002)
- Horiguchi,T. et al. "Imposex and organotin compounds in Thais clavigera and T.bronni in Japan (1994)
- Horiguchi,T. et al. "Imposex in Japanese gastropods (neogastropoda and mesogastropoda): Effeects of tributyltin and triphenyltin from antifouling paints" Mar Pollu Bull, 31, 4 (1995)
- Horiguchi,T. et al. "Effects of triphenyltin chloride and five other organotin compounds in the development of imposex in the rock shell, Thais clavigera" Environ Pollu, 95, 85 (1997)
- Jobling,S. et al. "Inhibition of testicular growth in rainbow trout (Oncorhynchus mykiss) exposed to estrogenic alkylphenolic chemicals" Environ Toxcl Chem, 15, 194 (1996)
- Jobling,S. et al. "Detergent components in sewage effluent are weakly oestrogenic to fish: an in vitro study using rainbow trout (Oncorhynchus mykiss) hepatocytes" Aquatic Toxicol, 27, 361 (1993)
- Matthiessen, P. et al. "Oestrogenic endocrine disruption in flounder (Platichtlys flesus L.) form United Kingdom estuarine and marine waters" CEFAS Science Series Technical Reports, No.107 (1998)
- Howdeshell,K.L. et al. "Expose to bisphenol A advances puberty" Nature, 401, 763 (1999)

- Colon,I. et al. "Identification of Phthalate Esters in the Serum of Young Puerto Rican Girls with Premature Breast Development" Environ Health Perspect, 108, 895 (2000)
- Blanck,H.M. et al. "Age at Menarche and Tanner Stage in Girls Exposed in Utero and Postnatally to Polybrominated Biphenyl" Epidemiology, 641 (2001.11.6)
- 芦田均、食品衛生誌、40、171（2000）
- Morita,K. & Nakano,T., J.Agric.Food Chem., 50, 910 (2002)
- 森田邦正、松枝隆彦、飯田隆雄、福岡医学雑誌、90、171（1999）
- Morita,K., Matueda,T., Iida,T. & Hasegawa,T., J.Nutr., 129, 1731 (1999)
- Morita,K., Ogata,M. & Hasegawa,T., Environ Health Perspect, 109, 289 (2001)
- Ashida,H., Fukuda,I., Yamashita,T. & Kanazawa,K., FEBS Lett., 476, 213 (2000)
- Hashimoto,T., Nonaka,T.,Minato,K., Kawakami,S., Mizuno,M., Fukuda,I., Kanazawa,K. & Ashida,H., Biosci. Biotechnol. Biochem., 66, 610 (2002)
- 宮田秀明、梶本隆、「PCFDの生成について――カネミ油症原因油中の未知有機塩素化合物の検出」、食衛誌1月号（1978）
- Brouwer,A. & van den Berg,K.J., "Binding of a metabolote of 3,4,4'-tetrachlorobiphenyl to transthyretin reduces serum vitamin A transport by inhibiting the formation of the protein complex carrying both retinal and thyroxin", Toxico Appl Pharmacol, 85, 301 (1986)
- Korach,K,S, et al., "Estrogen receptor-binding activity of polychlorinated hydroxy-biphenyls: Conformationally restricted structural probes", Mol Pharmacol, 33, 120 (1988)
- 武居三吉、BHC今昔物語「農薬ことはじめ――創立25周年記念」、田杉、岩壁、広田編、日本特殊農薬㈱（1966）
- Bennets,H.W. et al., "A specific breeding problem of sheep on subterranean clover pastures in western Australia", Aust Vet J, 22, 2 (1946)
- Anderson,J.W. et al., New Engl. J. Med., 333, 276 (1995)
- James,C "Global Reviews of Commercialized Transgenic Crops; 200, ISAAA Brief 23, International Service for the Acuisition of Agri-Biotech Applications" (2001)
- 福島男児「大豆の研究と開発：その進歩と跡を振り返って」食品工業、9.30、18（2000）
- 福島男児「豆乳の健康機能について」食の科学、289、38（2002）
- Yoshihara,S. et al., "Metabolic activation of bisphenol A by rat liver S9 fraction", Toxicol Sci, 62, 221 (2001)
- You,L. et al., "p,p'-DDE: An endocrine-active compound with the potential of multiple mechanisms of action ", CIIT Activities, 20, 1 (2000)

- You,L. et al., "p,p'-DDE increases hepatic aromatase expression in male rats", Mol Cell Endocrinol, 155, 512 (1999)
- Choudhry,G. et al. "Chlorinated dioxins and related compounds -Impact on the environment" Hutzinger,O.(eds), Pergamon Press (1982)
- 長山淳哉、九州大学報、11月号、15（1993）
- Ogaki,J., Chemosphere,16, 2047 (1987)
- Korner,W., Organohalogen Compounds, 9, 123 (1992)
- 守田哲朗、「乳幼児栄養の基礎と応用」、食の科学、201、25（1994）
- 田村信介「途上国都市ゴミ集積場における有害物質の汚染と影響」『平成13年度廃棄物処理等科学研究費補助金研究成果報告書　非制御燃焼過程におけるダイオキシン類等の残留性有機汚染物質の生成と挙動』(2002)
- 木村凌治、「トリブチルスズ代替防汚剤──低毒高活性防汚剤アディカロイヤルガードAF-427」、高分子、49、839（2000）
- 原敏夫、「砂漠の緑化──高分子を利用した緑化──」高分子、49、29（2000）
- 吉川政敏、「クラビオン──カニ殻から生まれた人に優しい繊維」、化学、54、34（1999）
- 森本稔、重政好弘、「バイオマスとしてのキチン、キトサンの応用」、高分子、60、236（2001）
- 新エネルギー・産業技術総合開発機構、「超臨界流体を利用した化学プロセス技術に関する調査研究」、NEDO-GET-9539 (1995), NEDO-GET-9627 (1996)
- 山田和夫、赤井芳恵、高田孝夫、「超臨界水を用いた廃棄物処理システム」、東芝レビュー、56, 58（2001）
- Lamar,R.T., Davis,M.W., Dietlich,D.M., Glaser,J.A., Soil Biol. Biochem., 26, 1603 (1994)
- Takada,S., Nakamura,M., Matsueda,T., Kondo,R., Sakai,K., Appl. Environ. Microbiol., 62, 4323 (1996)

■著者紹介

三好　恵真子（みよし　えまこ）

1965年神奈川県生まれ。
日本女子大学大学院修士過程修了後、1992年より東京農業大学農学部助手を務める。
1996年大阪市立大学大学院後期博士課程生活科学研究科修了（学術博士）。
1997年大阪外国語大学国際文化学科開発・環境専攻講師に就任。
1999年より同大学助教授。
専門は食品物性学、生活環境学。
主な著書に"The Wiley Polymer Networks Group Review Series, Volume One"（John Wiley & Sons, 1998）、『21世紀の天然・生体高分子材料』（CMC出版、2000）、"Hydrocolloids Part2: Fundamentals and Applications in Foods, Biology, and Medicine"（Elsevier, 2000）、『地球のおんなたち2 ─20世紀の女から21世紀の女へ』（嵯峨野書院、2001）、『エコマンがやってきた!!─身近な生活から環境問題を考える読み物─』（三恵社、2002）、『いのちゃんと考えよう"エコライフ"──身近な生活から環境問題を考える読み物2──』（三恵社、2002）などがある。

忘れてはならない環境ホルモンの恐怖
―子どもたちの未来を守るために―

2003年11月10日　初版第1刷発行

■著　者——三好恵真子
■発行者——佐藤　守
■発行所——株式会社大学教育出版
　　　　　〒700-0953　岡山市西市855-4
　　　　　電話(086)244-1268(代)　FAX(086)246-0294
■印刷所——互恵印刷㈱
■製本所——㈲笠松製本所
■装　丁——ティーボーンデザイン事務所

Ⓒ Emako MIYOSHI 2003, Printed in Japan
検印省略　　落丁・乱丁本はお取り替えいたします。
無断で本書の一部または全部を複写・複製することは禁じられています。

ISBN4-88730-545-1